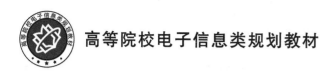
高等院校电子信息类规划教材

智能决策与规划
——火力优化与智能计算

主 编 张 雷 韩 斌 王江峰
参 编 武 萌 徐克虎 程 慧

北京邮电大学出版社
www.buptpress.com

内 容 简 介

火力打击的规划一直是作战筹划和战争博弈的焦点,如何对目标进行分析和选择,如何配置火力资源和分配打击任务,已成为指挥决策和行动部署的核心内容。本书以地面突击分队为核心对象,在介绍火力规划概念、发展、运用等基本知识的基础上,详细介绍了战场信息量化与建模、目标威胁评估、火力分配、火力毁伤效果评估等火力规划关键技术,并对最新的基于多智能体的规划方法和典型应用系统进行了简要叙述。

本书可以作为本科生和研究生学习"地面突击分队火力规划"相关课程的教材,也可以作为部队指战员的参考书目。

图书在版编目(CIP)数据

智能决策与规划:火力优化与智能计算 / 张雷,韩斌,王江峰主编. -- 北京:北京邮电大学出版社,2024. -- ISBN 978-7-5635-7290-8

Ⅰ.E92

中国国家版本馆 CIP 数据核字第 2024J6K625 号

策划编辑:刘纳新 姚 顺 责任编辑:满志文 责任校对:张会良 封面设计:七星博纳	
出版发行:北京邮电大学出版社	
社　　址:北京市海淀区西土城路 10 号	
邮政编码:100876	
发 行 部:电话:010-62282185　传真:010-62283578	
E-mail:publish@bupt.edu.cn	
经　　销:各地新华书店	
印　　刷:保定市中画美凯印刷有限公司	
开　　本:787 mm×1 092 mm　1/16	
印　　张:9.25	
字　　数:206 千字	
版　　次:2024 年 8 月第 1 版	
印　　次:2024 年 8 月第 1 次印刷	

ISBN 978-7-5635-7290-8　　　　　　　　　　　　　　　　　　　　定　价:48.00 元

·如有印装质量问题,请与北京邮电大学出版社发行部联系·

前 言

火力打击的规划一直是作战筹划和战争博弈的焦点,如何对目标进行分析和选择,如何配置火力资源和分配打击任务,如何调控不同打击任务的时空频关系,已成为指挥决策和行动部署的核心内容,贯穿于作战行动的全过程,直接影响甚至决定战争的进程和结局。火力规划是任务规划的重要部分,是以火力打击任务为牵引,火力效能最优为目标,依据当前战场态势,采用运筹优化的方法,对多种火力资源根据特定时空关系进行打击目标选择与分配的行为,直至确定武器平台及数量、弹药类型及数量和行动起止时间等要素。简单来说就是要解决在什么时间,去什么地点,用什么武器,打击什么目标,达到什么效果的问题,相关理论和技术方法研究具有重要意义。

为了前置储备与丰富指挥员的相关知识结构,紧密对接新一代坦克和分队级任务规划系统的高效运用,作者编写了本教材,重点阐述以坦克为主的地面突击分队火力规划的基本概念和关键技术。

本教材共计 6 章。第 1 章绪论,主要阐述火力规划的基本概念、发展、核心内容和运用;第 2 章战场信息量化与建模,以建模方法为重点阐述了坦克分队战场信息采集、传输、量化及建模过程,为后续章节奠定基础;第 3 章目标威胁评估技术,结合地面突击分队的目标对象,主要论述了目标威胁评估指标体系和实现途径;第 4 章火力分配技术,依据提出问题、分析影响因素,建模求解的思路,阐述了地面突击分队实现武器目标分配的技术途径;第 5 章火力毁伤效果评估技术,结合"侦、控、打、评"链路,阐述了火力毁伤效果评估技术与实现方法;第 6 章基于多智能体的规划技术,面向智能决策新发展介绍了深度强化学习智能体决策的技术框架、实现方法与仿真实验。相关算法实验与规划系统实践内容另编有指导书,本教材中未加以介绍。

本教材使用对象为火力指挥与控制工程专业本科学员。学习本教材可以了解智能决策技术、合成营任务规划系统和新一代任务规划系统的最新发展,掌握战场信息建模、目标威胁评估、武器目标分配、毁伤效果评估的主要技术和实现方法,为后续任职课程学习和新一代装备系统的认知奠定理论与技术基础。

本教材由张雷、韩斌、王江峰、武萌、徐克虎、程慧编写,教材编写工作也得到了王钦钊教授的大力支持,同时赵立阳、张杰、罗鑫、魏建等同志对教材进行了详细的校对工作,在此一并表示感谢。

由于编者水平有限,教材中难免存在不足之处,恳请读者批评指正。

作　者

目 录

第1章 绪 论 ··· 1
 1.1 火力规划的产生与发展 ··· 1
  1.1.1 火力规划源于火力运用 ·· 1
  1.1.2 火力规划技术亟需落地 ·· 3
  1.1.3 火力规划智能化特征已现雏形 ···································· 4
 1.2 基本概念 ·· 4
  1.2.1 决策与作战指挥决策 ··· 4
  1.2.2 规划与作战任务规划 ··· 7
  1.2.3 作战任务规划系统与指挥信息系统 ····························· 10
  1.2.4 地面突击分队火力打击决策与规划 ····························· 10
 1.3 地面突击分队火力规划内容与流程 ································· 11
  1.3.1 关键词界定 ··· 11
  1.3.2 火力规划内容 ·· 13
  1.3.3 火力规划流程 ·· 14
 1.4 地面突击分队火力规划运用 ··· 16
  1.4.1 运用场景 ·· 16
  1.4.2 运用方式 ·· 19
  1.4.3 有待进一步解决的技术问题 ···································· 19
 思考与练习 ·· 20

第2章 战场信息量化与建模 ··· 21
 2.1 战场信息采集 ··· 21
  2.1.1 自身力量收集 ·· 22
  2.1.2 其他途径获取 ·· 22
 2.2 战场信息传输 ··· 23

2.3 战场信息量化 ··· 25
　　2.3.1 任务量化 ·· 25
　　2.3.2 环境量化 ·· 26
　　2.3.3 武器弹药量化 ·· 27
　　2.3.4 目标量化 ·· 28
2.4 战场信息建模 ··· 29
　　2.4.1 环境信息建模 ·· 29
　　2.4.2 武器弹药评估建模 ··· 30
　　2.4.3 目标威胁与价值评估 ·· 31
思考与练习 ··· 32

第3章 目标威胁评估技术 ·· 33

3.1 目标威胁评估的概念 ··· 33
　　3.1.1 基本概念 ·· 33
　　3.1.2 目标威胁评估的作用 ·· 33
　　3.1.3 目标威胁评估的基本步骤 ·· 34
3.2 目标战术分群及战术意图识别技术 ····································· 35
　　3.2.1 目标战术分群技术 ··· 35
　　3.2.2 战术群作战意图识别技术 ·· 38
3.3 目标威胁评估指标体系 ·· 43
　　3.3.1 指标体系概念 ·· 43
　　3.3.2 指标体系的建立方法 ·· 43
　　3.3.3 指标体系量化 ·· 44
　　3.3.4 目标威胁评估指标赋权 ··· 49
　　3.3.5 目标威胁评估方法 ··· 52
3.4 陆战目标威胁评估实例分析 ··· 54
　　3.4.1 战术背景 ·· 54
　　3.4.2 目标威胁指标体系 ··· 56
　　3.4.3 陆战目标威胁指标赋权 ··· 59
　　3.4.4 基于TOPSIS法的陆战目标威胁评估排序 ·················· 61
思考与练习 ··· 64

第4章 火力分配技术 ·· 65

4.1 概述 ··· 65
4.2 WTA问题及求解 ··· 66
　　4.2.1 WTA问题的分类 ·· 67

  4.2.2 基本数学模型及其性质 ·· 68
  4.2.3 WTA 模型求解 ··· 69
 4.3 地面突击分队火力分配技术 ·· 74
  4.3.1 现有 WTA 模型存在的问题 ······································ 74
  4.3.2 影响地面突击分队作战效果的因素 ····························· 75
  4.3.3 地面突击分队 WTA 问题建模 ··································· 76
  4.3.4 火力分配实现 ·· 79
  4.3.5 动态不确定条件下火力分配 ······································ 83
 思考与练习 ··· 85

第 5 章 火力毁伤效果评估技术 ·· 86

 5.1 基本概念 ··· 86
  5.1.1 毁伤效果评估概念 ·· 87
  5.1.2 毁伤效果评估标准 ·· 88
  5.1.3 毁伤效果评估层次 ·· 91
 5.2 毁伤效果评估技术 ··· 93
  5.2.1 毁伤效果评估步骤 ·· 93
  5.2.2 毁伤信息获取技术 ·· 94
  5.2.3 毁伤信息处理技术 ·· 95
 5.3 毁伤效果评估方法 ··· 98
  5.3.1 毁伤树评估法 ·· 98
  5.3.2 贝叶斯网络评估法 ·· 104
  5.3.3 效能衰减函数评估法 ··· 105
 思考与练习 ··· 105

第 6 章 基于多智能体的规划技术 ·· 106

 6.1 多智能体规划技术 ··· 106
  6.1.1 发展现状 ·· 106
  6.1.2 技术框架 ·· 107
 6.2 指挥决策智能体设计 ··· 109
  6.2.1 决策架构设计 ·· 109
  6.2.2 智能体状态空间和动作空间设计 ···························· 110
  6.2.3 基于任务的奖励函数设计 ······································ 112
  6.2.4 策略网络结构 ·· 112
  6.2.5 分布式训练框架 ··· 113
  6.2.6 作战决策智能体学习算法 ······································ 114

  6.3 仿真实验 ··· 116
    6.3.1 背景分析 ·· 116
    6.3.2 实验思路 ·· 117
    6.3.3 实验系统 ·· 118
    6.3.4 智能体训练 ·· 120
    6.3.5 结果分析 ·· 122
    6.3.6 实验结论 ·· 125
  思考与练习 ··· 126
参考文献 ·· 127
附录一 目标威胁评估仿真程序 ·· 129
附录二 WTA 模型求解算法主程序 ··· 133

第1章 绪论

自从有了战争,火力打击的决策与规划一直是作战筹划和战争博弈的焦点,如何对目标进行分析和选择,如何配置火力资源和分配打击任务,如何调控不同打击任务的时空频关系,已成为指挥决策和行动部署的核心内容,直接影响甚至决定战争的进程和结局。现代战争的火力规划工作高度依赖科学有效的辅助决策技术,目的是优化解决在什么时间,去什么地点,用什么武器,打击什么目标,达到什么效果的问题,相关理论和技术方法研究具有重要意义。本教材以地面突击分队(以坦克为主要装备)为对象,重点介绍分队级火力规划的主要内容、关键技术与实现方法。

1.1 火力规划的产生与发展

火力规划的根本目的就是提高火力的作战效能,以最经济的投入获取最满意的效果,是火力运用的高阶形式。

1.1.1 火力规划源于火力运用

1631年,瑞典军队在布赖腾费尔德之战中,把约100门火炮集中在一处使用,标志着火力运用的产生。最初的火力运用形式非常简单,主要是将这种呈区域性毁伤、具有强大威慑性的火力集中在一处使用,以期迅速而有效地对敌方相对集中,具有较高战场价值的兵力火力造成毁灭性打击,从而达成作战目的。这种火力集中运用的形式在一定程度上能够起到事半功倍的效果,因为集中、猛烈而极具毁伤性的火力打击,能够对敌方作战兵力造成严重的心理威慑作用,可以降低其作战能力的发挥效力,甚至使战斗能力及战斗意志完全丧失,瓦解敌方的士气与军心。火力集中运用这种运用形式随着火力的不断发展在不同的火力上均可适用并得到体现,均能取得一定的作战毁伤效果。目前这种火力运用形式在战场作战指挥过程中仍然普遍采用。近年来几场局部战争,无不从正反两方面印证着"不同的火力运用模式,会得到不同作战结果"的正确性。战争实践在引起人们对火力运用研究重视的同时,也促进了火力运用技术的发展。

随着火力形式的不断发展与推陈出新,针对同一个作战任务,作战部队可以采用多种不同的火力运用形式来达成作战目的。这种不同的火力及其运用形式,通过不同的作战途径消耗不同的作战资源,对我方作战分队、作战部队等的战场规划都具有一定的影响,需要对其进行优化选择以确定最佳的火力运用形式,由此产生了火力规划。

英国工程师 Lanchester(兰彻斯特)在百年前提出的"兰彻斯特方程",开启了用数学方法描述战场态势演化、用定量方法研究作战过程的新时代,它为指挥员对作战火力的运用提供了理论依据。这是最早从理论上对作战分队火力规划进行定量分析的研究,并为火力规划体系的建立奠定了基础。

在20世纪50～60年代,由于计算机技术水平的限制,当时火力规划问题的研究成果主要用于制定作战计划、指挥军官的训练、提高指挥人员的作战指挥能力等方面,或为武器的选择及新武器的研制与采购提供参考。

随着计算机技术的飞速发展和广泛的运用,火力规划的建模形式及其解算方法都有了新的有效的解决方式。这一时期火力规划的研究主要是集中于一些特定领域,如导弹防空领域中静态火力分配问题。随着作战要求的变化以及火力规划建模精确性的提高,产生了动态火力优化分配问题。随着信息化作战的深入,相关信息化设备的不断完善,以火力优化分配为基础的火力规划体系逐渐建立起来。

火力规划是任务规划的重要部分,是以火力打击任务为牵引,火力效能最优为目标,依据当前战场态势,采用运筹优化的方法,对多种火力资源根据特定时空关系进行打击目标选择与分配的行为,直至确定武器平台及数量、弹药类型及数量和行动起止时间等要素。其基本特征有:

(1) 多个火力打击任务执行单元信息共享,协同作战,谋求信息和决策优势,并最终在作战上占上风,最大化作战效能;

(2) 体现基于能力的火力单元优化选择与要素重组过程;

(3) 体现各火力单元共同协作,协调运作的要求;

(4) 以取得火力打击的主动权和优势为目的,各个参与的火力单元不存在各自的利益,均以整体利益为准;

(5) 以信息技术为纽带,将各火力单元连接为一个编队整体,共同经历态势分析与威胁估计、任务分配与资源调度等不同阶段;

(6) 在一定作战阶段内,火力资源编队是一个相对稳定的联盟。

火力规划体系的建立能够较好地说明信息化战场条件下作战运用的"信息主导、火力主战"指导思想,并将这指导思想通过火力规划体系在一定程度上反映到作战部队建设中,为军队的建设与发展提供了良好的平台依托以及指导建议。

随着新形势下战场作战特点、样式的发展,火力优化理论与实践不断完善与发展,火力规划形式已由最初的单独每一火力打击批次中静态的火力优化分配问题,拓展延伸至整个作战过程中,在火力规划系统运行平台的基础上,通过对大量战场信息数据的处理与运用,对作战双方的兵力、火力实力评估,明确在特定战场环境下的形势态势,优化配置、部署、运用兵力火力,使其在最大程度消灭敌方的前提下保存自己的实力。这种全面数字化、信息化、网络化的作战形式是火力规划体系建立的必要与充分条件。

对于以坦克为主的地面突击分队,火力运用目前仍以定性为主,定量为辅,滞后于空军、海军以及炮兵的发展。而美军早在20世纪90年代已经开始了分析地面突击分队的作战指挥与火力运用相关量化工作。海湾战争中,美军在火力运用、作战指挥方面应用了不同层次的基于逻辑推理和量化分析的辅助决策系统,大大提升了作战决策的速度和效能。因此,在当前形势下,需要对地面突击分队火力规划问题开展翔实、落地的技术研究。

1.1.2 火力规划技术亟需落地

随着通信网络与数据链技术的快速发展,地理位置上分布式的传感器、指控中心和武器平台形成互联互通的作战体系,能够实现全局战场态势透明化与武器平台统一指控。精确高效的任务规划成为地面作战分队协同发挥集群火力优势、提高火力打击能力的核心。一体化任务规划系统基于实时全维度的战场态势分析与决策,能够统一指挥调度各个平台的武器,实现多武器平台的协同规划,以更快的速度、更高的毁伤概率完成作战环实时决策。

如何合理地按照火力规划原则,准确、迅速、最优或次优地完成火力打击任务分配,完成火力打击行动决策是火力规划的核心问题。多武器平台的火力规划涉及不确定的战场信息与高实时性要求,需要综合考虑敌情、我情、战场环境等诸多因素,是一个复杂的决策问题,贯穿火力打击整个过程。空战场及海战场多以制导武器为基础,火力打击决策研究较早,通过基于传感器-武器-目标优化分配的方式取得了较好的效果。

从当前情况看,地面突击分队配属的武器更加多样、作战环境更加恶劣、打击任务更加艰巨,进行科学高效的火力规划面临着巨大的挑战。例如,俄军"新面貌"旅属合成营增加了侦察和反坦克装备,美军"斯特瑞克"旅战斗队配备了迫击炮、机动火炮和反坦克导弹;一些地面突击分队还配备了地面无人作战平台,如美军"APD""黑骑士",俄军"天王星9""平台M"等,使得火力规划的对象多、差别大。地面作战受地形环境、伪装欺骗、天气气候影响大,传感器探测能力受到很大制约,获得的战场感知信息不完全、不确定,极大地增加了决策难度。最后,地面突击分队主要以地面弹道武器为主,受地形、环境等影响较大,目标的毁伤与初始射击诸元紧密相关,使得火力规划的动态性极强。

目前,各军事强国越来越认识到火力打击在地面突击分队作战中的重要作用,因此,采取了多种方式进行研究和应用。美国陆军出台了《联合地面作战》(ADP3-0)作为协同打击的条令性文件,国防部高级研究计划局(DARPA)开展了"拒止环境协同作战"项目,针对协同火力打击进行了专门研究;俄军在地面突击分队的演习中多次对协同火力打击进行演练,提高实战环境下的协同打击能力。火力规划的重要性已经成为共识,精确高效的火力规划技术亟待突破与落地。

1.1.3 火力规划智能化特征已现雏形

随着未来陆战环境逐渐向强对抗、高动态、强干扰、强不确定性等高度复杂环境转变,战场优势的建立更多体现为指挥决策效率与准确性的竞争。战争关系由装备对抗、信息攻防演化到认知域的"智能博弈",比拼的是指挥决策的速度、质量和适应性。

美军相继提出"决策中心战""马赛克战"等理念,2017年推出"虚拟指挥官"项目,为指挥官提供作战筹划全流程辅助决策服务;2018年推出"指南针"计划,利用人工智能技术提高指挥官的决策效能,为战区级作战人员和规划人员提供强大的辅助决策工具;2020年推出"人工智能探索"项目,基于仿真和游戏平台,训练作战人员。同年美空军"狗斗"比赛落幕,人工智能5∶0战胜人类飞行教官。

与智能作战相适应的新型武器平台,重点考虑基于智能决策的协同打击和精确打击能力建设,注重火力配置和火力打击任务的整体优化,相关火力配系设计通常采取远近结合、智常结合、空地一体的全系配置,整体发展思路已经清晰呈现出体系作战思想、智能化特质和信火集成特点。结合新型武器平台的研制,相关智能化的任务规划系统与火力规划系统区分战役、战术和武器平台层级相继出现,并逐步转入应用阶段。

总之,面向地面突击分队的火力规划是指挥作战行动的重要技术支撑,是应对分布式、小规模作战样式的必备手段,同时也是应对强敌作战的必然要求。学习与研究火力规划技术具有重要的现实需求和长远的历史意义。

1.2 基本概念

1.2.1 决策与作战指挥决策

《孙子兵法》指出:"夫未战而庙算胜者,得算多也;未战而庙算不胜者,得算少也。多算胜,少算不胜,而况于无算乎!"虽然现代战争越来越多地使用高技术武器和装备,但是军事指挥行为的本质并没有改变,依然是"为了特定的目的,以特殊的信息流,调动特殊的人员流和物资流的行为和过程"。指挥员进行决策的职责,也没有改变。

1. 决策

决策是人类的一项基本活动,是人们行动的先导。关于决策的概念,不同的人有不同的说法,争论很多。

韦氏大辞典对决策的定义是:决策就是从两个或者多个备选方案中有意识地选择其中一个方案。该决策定义包含拟订方案和选择方案两要素,侧重于决策活动的结果。

美国管理学家和社会科学家、经济组织决策管理大师,决策理论的重要代表人物赫伯特·西蒙(Herbert A. Simon)则将决策视为一个过程:就是为了实现一定的目标,提出解决问题和实现目标的各种可行方案,依据评定准则和标准,在多种备选方案中,选择一个方案进行分析、判断并付诸实施的管理过程。决策作为一个过程,通常是通过调查研究,在了解客观实际和预测今后发展的基础上,明确提出各种可供选择的方案,以及各种方案的效果,然后从中选定某个最优方案。

整个过程分为下列程序:

(1) 明确问题:根据提出的问题,找出症状节点,明确对问题的认识。

(2) 确定目标:目标是决策所要达到的结果。如果目标不明确,往往造成决策失误。当有多个目标时应分清主次,统筹兼顾。明确目标时,要注意目标的先进性与可靠性。

(3) 制定方案:确定目标后,应对状态进行分析,收集信息,建立模型,提出实现目标的各种可行方案。如果只提一个方案,就无从选择,也就谈不上决策。

(4) 方案评估:对各种方案的效果进行评价,尽可能通过科学计算,用数量分析的方法比较其优劣和得失。

(5) 选择方案:决策者从总体角度对各种方案的目的性、可行性和时效性进行综合的系统分析,选取使目标最优的方案。

(6) 组织实施:为了保证最优方案的实施,需要制定实施措施,落实执行单位,明确具体责任。

(7) 反馈调整:在决策实施过程中,可能会产生这样或那样偏离目标的情况,因此必须及时收集决策执行中的信息,分析既定决策是否可以实现既定目标。

一个决策问题通常可由三个方面的意思来表达,第一方面是决策者可能采取的措施,称为行动。第二个方面是决策者不能确定的事实,称为状态,这些状态中哪一个出现,与决策者将要采取的行动无关(虽然采取不同的行动,要考察的状态也不同,但这些状态的出现并不以决策者的意志为转移),但这些状态将对决策者所采取行动的后果产生影响。第三方面是由行动和状态共同决定的结果。

一般一个决策问题应当具有如下几个要素。

(1) 决策者:指在考虑的决策问题中,有权利、有责任做出最终选择的个人或集体(具有决定权)。

(2) 分析者:亦称分析师,指受决策者委托,借助于定性定量分析和综合评价技术,对方案进行评价和排序的人。分析者的产生主要是由于现代决策问题十分复杂,单凭决策者的直觉和经验难以做出正确的决策,分析者应根据科学的理论与方法,提出决策建议(具有建议权)。

(3) 决策变量:决策变量是表示候选方案的变量,通常决策变量可用一个 n 维实数来表示。由于一些条件的约束,决策变量的取位范围受到限制,一切可供选择的决策变量的集合称为可行域。

(4) 品性:品性是决策变量的品质和特性的表征,每个品性应具有可解释性和可度量性,在多目标决策中采用哪些品性,对决策者来说具有一定的主观性,反映了决策者的价值观念。

(5) 目标:各品性希望达到的状态的一种描述。从某种意义上讲,目标往往可划分为若干个等级。

(6) 结局:每个方案选择之后可能发生的 1 个或 n 个自然状态。

(7) 效用:每一个方案各个结局的价值评估称为效用,根据各个方案的效用值大小来评价方案的优劣。

按照目的、信息水平、静态动态的观点,决策模型的分类如图 1-1 所示。

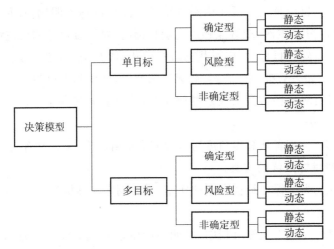

图 1-1　决策模型的分类

2. 作战指挥决策

从军事上来说,指挥作为行为或者工作,其最核心的内容就是"分析情况,定下决心",也就是决策。这一项工作是指挥员的工作,因此指挥员是行为的主体,同时也是整个指挥机构和指挥系统的主要工作之一。在实际作战的指挥中,需要有多方面的决策。如:部队机动决策(日本袭击珍珠港选择北航线、美军机空袭利比亚选择经直布罗托海峡和地中海)、战场选择决策(平型关大捷、仁川登陆)、时间选择(诺曼底登陆、赤壁之战、第四次中东战争、仁川登陆)、后勤保障决策等,这些决策最终产生的是关系,兵力,兵器的运用方法,是作战指挥的核心。

作战指挥决策是为实现一定作战目的而制定各种可供选择的作战行动方案,并决定采用某种方案的思维活动,其根本任务是定下决心和制定实现决心的行动计划。一般而言,作战指挥决策过程包括三个部分:制定作战方案、选择作战方案、实施作战方案。作战指挥决策的一般过程如图 1-2 所示。

在制定作战方案过程中,一般要制定多个可行的作战方案以便选择。在这些作战方案中,既有常规的、显而易见的作战方案,也应该有一些非常规的、创造性的作战方案;在作战方案的选择过程中,指挥员要根据自己的知识素养、作战经验、价值判断等,按照一定的原则,选择出一个满意的方案并加以执行。在作战方案的选择过程中,通常很难说哪个方案更好,或哪个方案较差,对于不同的指挥员,由于其判断标准不同,所选择的方案也会不同。方案的选择过程充分体现了指挥员的个人因素的作用;在执行作战方案的过程中,指挥员要根据既定的作战方案,利用和创造一切有利于方案实施的条件,保证既定方案的实现。由此可见,作战指挥决策不仅是做出抉择的一种行动,而且也是一个过程,包括做出抉择以前的准备工作和做出抉择以后的计划活动。

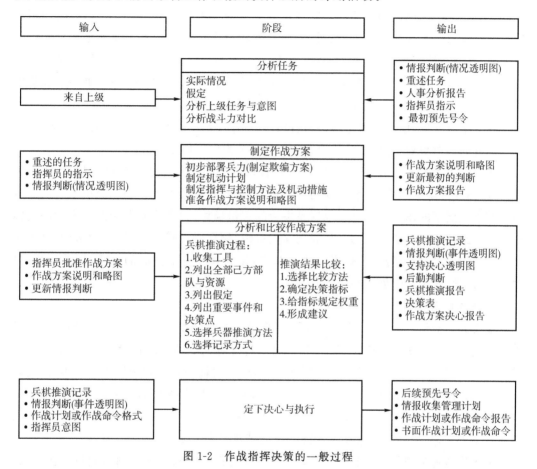

图 1-2 作战指挥决策的一般过程

作战指挥决策是作战行动的基础,正确的作战行动来源于正确的指挥决策。在军队的作战指挥活动中,定下决心是最重要、最核心的活动。定下决心的实质是确定作战目标和达到目标的行动以及所需要的兵力、兵器和时间。其他活动如制订作战计划、组织协同动作、组织各项保障等指挥活动都依赖正确的决心。

1.2.2 规划与作战任务规划

1. 规划

所谓规划,即筹划、计划,尤指比较全面、长远的发展计划。规划与计划基本相似,不同之处在于规划具有长远性、全局性、战略性、方向性、概括性和鼓动性。规划可分为长期规划和短期规划。

长期规划,在管理学中简称为规划,是指个人或组织制定的比较全面长远的发展计划,是对未来全局性、战略性、长期性、基本性问题的思考和考量,设计未来整套行动的方案。规划是融合多要素、多人士看法的某一特定领域的发展愿景。

短期规划,在管理学中简称为计划,计划一般指办事前所拟定的具体内容、步骤和方法;从时间尺度来说侧重于短期,从内容角度来说侧重于战术层面,重执行性和操作性。计划相对规划而言具有微观性、区域性、灵活性和操作性强的特点。计划是规划的延伸与展开,规划与计划是一个子集的关系,即"规划"里面包含着若干个"计划",一个规划需要多个计划来实现。它们的关系既不是交集的关系,也不是并集的关系,更不是补集的关系。

在这本教材里,作者根据课程特点,将管理学中"规划"视作整体规划与事前规划,将"计划"视同实时规划,并且在后续内容中不加区分地统一使用"规划"一词。

规划与决策紧密相关,是决策的落实过程;其中,决策是计划的前提,规划是决策的逻辑延续;在现实工作中,决策与规划是相互渗透的,有时会不可分割地交织在一起。规划具有承上启下的作用,一方面,规划是决策的逻辑延续,为决策所选择的目标活动的实施提供了组织实施保证;另一方面,规划又是组织、领导、控制等管理活动的基础,是组织内不同部门、不同成员行动的依据。概括起来,规划具有 5 个方面的性质,即首要性、目的性、普遍性、效率性和创造性。

2. 作战任务规划

在研究作战任务规划时,人们通常将传统意义上的作战筹划与西方国家的作战任务规划的概念进行对比。关于作战筹划,常见于传统意义上的学术论著。比如,于海涛教授主编的《军队指挥学》将作战筹划描述为:"作战筹划就是对作战全局的运筹帷幄,是高级指挥员在原有经验的基础上,根据新的形势,对下一步作战行动的创造性思维活动的过程。"《战役理论学指南》定义战役筹划,即战役指导者在正确领会上级意图、分析战场形势的基础上,从战役全局的高度进行的宏观谋划和总体设计。

关于作战任务规划,始于美军对作战飞机的飞行计划和攻击计划的制订。比如,美国空军于 1980 年开始装备的计算机辅助任务规划系统(Computer Aided Mission Planning System,CAMPS),以及随后对"战斧"巡航导弹的打击任务规划。而任务规划概念的提出,则是美军 1999 年开始研制的陆海空三军通用任务规划系统,称之为"联合任务规划系统"(Joint Mission Planning System,JMPS)。美军于 2008 年首次对联合作战计划制订流程(Joint Operational Policies and Procedures,JOPP)做了规范和统一。不过,美军对作战筹划也有较深的认识,在其发布的《联合作战计划制订流程》中认为,作战筹划是指挥员对作战决心或主要作战方案及行动框架的构想过程,也是联合作战指挥员进行创造性推理的过程。由此可见,所谓作战筹划,就是对战争进行的运筹谋划,主要运用批判性、创新性思维,对战略意图和敌我情况及战场环境加以深刻理解,对战役和战术行动做出总体构想,进而制订出符合实际的行动策略和方法以破解作战问题。而作战任务规划,则是适应信息化战争的特点,围绕"任务式指挥"的主线,用智能化和工程化的方法设计战争,将作战行动明确化、具体化、精确化,以便快速生成作战方案、行动计划及任务指令,从而提高指挥员及其指挥机关的指挥效能。

从作战指挥理论上讲,作战筹划的范畴似乎覆盖作战任务规划,但是传统意义上的作战筹划更多体现的是概略性、思辨性和指导性,没有涉及工程化的筹划方法与手段的运用。随着西方国家军队作战任务规划系统和作战方案计划制订流程的规范化应用,作战筹划正在以作战设计的理念和方法融入作战任务规划之中。美军在《联合作战计划制订流程》中,把作战设计作为作战任务规划的关键步骤,认为"作战设计是指挥员对作战决心或作战方案及行动框架的构想过程""一项战争计划的制订通常包括两个相对独立而又紧密联系的过程:一个是作战概念化过程,就是在认知、理解作战任务和战场环境的基础上进行战役设计的过程;另一个是行动细节化过程,就是将作战设计形成的概念化成果,通过作战计划制订流程和工具转化为可实施的作战方案和行动计划过程。"

因此,美军将作战任务规划分为"战役战术规划"和"行动技术规划"两个层次。"战役战术规划"侧重于作战设计,指挥员通过对话和与参谋团队协作,以及上下级之间的相互沟通,形成对战场情况的判断和对作战的总体构想;"行动技术规划"由参谋人员和专业技术人员合作,按照联合作战计划制订流程,完成方案计划的制订和行动指令的生成。这样,就可把作战筹划(或作战设计)理解为作战任务规划的"战役战术规划"部分,置于作战任务规划的上层结构。

作战任务规划系统可定义为:适应信息化条件下作战筹划的流程化、精细化和敏捷性要求,综合利用网络化指挥控制、智能化筹划决策和云态化信息服务技术,覆盖多层级、多领域、多要素的指挥信息系统。用于保障各级指挥员及其参谋团队科学高效地实施筹划、决策、指挥、支撑各联合作战方案计划和命令指示的快速生成,推动作战指挥由概略筹划、静态筹划向精确筹划、动态筹划和智能筹划的有效转变。

作战任务规划的特点主要体现在以下四个方面:

一是全局性。统筹全局、着眼全局是一切战争筹划的基本点。毛泽东指出,"只要有战争,就有战争的全局。全局的中心问题亦即重心,它是关系作战全局的主要矛盾。"因此,即便是涉及战役行动的某个阶段或某个局部,也必须放在战争全局的大背景下进行筹划设计,充分考虑每一个行动细节可能产生的风险和代价。

二是谋略性。战争既是军事实力的激烈对抗,更是指挥谋略的博弈较量,吃透作战对手,搞清我长敌短,熟知战场环境,善用谋略、施计用策是筹划指挥艺术的灵魂和核心。指挥员应充分发挥创造力和想象力,敢于打破常规、出敌不意、巧用战法;综合运用批判性思维和创新性思维,精于谋略、长于算计、周密筹划,确保战争策略高敌一筹、先敌一手。

三是应变性。水无常形、兵无常势,战争从来就不是一成不变的。作战任务规划需要紧随作战进程变化,实现滚动筹划、滚动更新、全流程衔接;需要基于战场态势和对抗环境的变化,实时更新作战数据和匹配方案计划,实现作战任务规划的对抗性响应;需要依据上级作战意图和任务变化,快速调整作战目标、选择作战样式、优化兵力火力、规划作战行动。

四是精确性。精确高效是信息化战争的突出特点和客观要求,作战任务规划必须实现全面掌握情况、精确筹划计算、智能辅助决策,将行动规划的要素细化至最小粒度,比如,打击目标聚焦至关键部位,作战手段聚化到平台弹药,行动协同精确至分秒,力求以最小的代价获取最大的收益。

我军的作战任务规划系统通常分为战略、战役、战术和武器平台四个层次:

战略级作战任务规划系统主要依据军事战略,对各战略方向作战目标和军事行动进行规划,形成战争构想和战略计划,辅助拟制兵力运用总体计划、联合作战能力计划和战略能力评估计划等,研究解决"为什么打仗""与谁打仗"和"使用什么力量"及"如何进行战争准备"等问题。

战役级作战任务规划系统用于进行战役构想设计、联合作战方案计划制订和行动命令生成,辅助进行方案计划推演评估和优选,研究解决"打什么""如何打"的问题。

战术级作战任务规划系统用于对各类作战兵力、武器单元等战术动作和行动步骤合理规划、协同一致,解决兵力行动和火力运用的问题。

武器平台任务规划系统常用于规划常规导弹、作战飞机、海上舰艇、地面武器平台及其精导弹药的飞行航路和制导控制等技术运用。

1.2.3 作战任务规划系统与指挥信息系统

火力规划在战前属于作战任务规划,是作战任务规划系统的重要组成部分,具有综合性和代表性,贯穿作战任务规划作业始终,与作战任务规划行为具有一致性;战中是指挥信息系统或一体化任务系统的部分内容,直接用于火力行动的控制。

作战任务规划系统总体而言属于指挥信息系统的范畴,是指挥信息系统中用于作战筹划和辅助决策的大脑和核心。作战任务规划系统与指挥信息系统既紧密相连,又相对独立。

指挥信息系统是支撑指挥员及其指挥机关组织领导所属部队,控制武器平台实施作战行动的信息化手段,侧重于对作战行动的实时指挥控制,主要包括态势融合、作战决策、行动控制、效果评估和综合保障等。作战任务规划系统则是辅助指挥员及其指挥机关进行非实时作战筹划和方案计划的制订工具,主要包括情况判断、任务分析、构想设计、方案制订、计划生成和推演评估等功能,其态势融合、作战决策和行动控制等均需要依赖一体化指挥控制系统才能形成作战行动的OODA(观察-判断-决策-行动)闭环控制。

同时,作战任务规划系统与指挥信息系统均依托共用信息基础设施,包括通信网络、计算服务、时空基准、安全保密等,并共享情报侦察、气象水文、测绘导航等战场综合态势信息支撑保障。

1.2.4 地面突击分队火力打击决策与规划

火力打击决策与规划重点是解决"打什么""何时打""由谁打""用什么手段打"以及

"打成什么样"的问题。其包含了十分广泛的研究内容,战前是作战任务规划的重要部分,战中是指挥信息系统或一体化任务系统的部分内容,同样可分为战略、战役、战术和武器平台四个层次,规划任务复杂程度逐层降低、规划粒度逐层减小、实时性要求逐层增高。例如,战术级火力规划对应作战分队,起着承上启下的作用,导弹的航迹规划属于武器平台级的火力规划等。

地面突击分队的火力规划问题可以概括为:以目标体系、火力资源和作战使命为输入,以数学模型与任务规划算法为基础,综合考虑作战距离、目标匹配、火力资源和时间协同等约束,以整体作战效能最大化,作战损耗最小化为目标牵引,最终得到满意的火力规划方案。战术级火力规划示意图如图1-3所示。

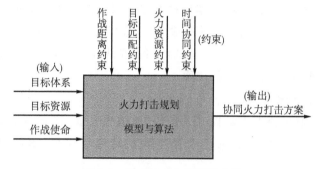

图1-3 战术级火力规划示意图

结合合成营的作战任务,定义地面突击分队火力打击决策和火力规划的概念如下:

火力打击决策是指为了达成规定的作战任务和火力行动目的,制定各种可选择的火力行动方案,并选择采用某种方案的思维活动。火力打击决策能力是指在合成营火力运用过程中,指挥要素充分考虑各火力打击力量的作战能力,不同火力打击力量、不同方向、不同阶段的火力行动对作战进程的影响,周密而全面地实施火力打击决策的能力。

火力规划是指合成营火力参谋和分队指挥员依据营指挥员的决心对整个火力行动进行具体筹划、组织、安排的活动,是实现指挥员决心的重要环节。火力规划能力是指合成营火力参谋和分队指挥员围绕作战企图和火力行动决心,充分考虑作战各阶段火力行动的主要环节和关键节点,依据对敌情、我情、战场情况的判断结论,对火力单元的编组、火力任务区分、火力打击实施方法、火力组织指挥等事项进行合理筹划安排的能力。

1.3 地面突击分队火力规划内容与流程

1.3.1 关键词界定

随地面突击力量运用方式的转变和多样化发展,地面突击分队概念产生并广泛应用,但军队军语中并没有给出明确的定义;地面突击分队火力规划技术的概念整体相对较新,国内外学术上研究众多,实际系统和应用少见报道;为此,有必要对教材关键词进行界定,明确阐述范围,便于教材内容理解的统一性与连贯性。

(1) 地面突击分队

参考美军对地面突击分队的编配,一个地面突击分队通常配属的兵力、火力有:作战指挥人员、专业技术兵力、单兵作战兵力等主战兵力;履带突击装备、轮式突击装备、单兵突击装备等主战装备;信息侦察装备、信息对抗装备、指挥控制中心等信息装备;火力保障装备、兵力保障装备等保障装备。我军相关文献和学术资料也有类似的阐述,并认为自行火力支援装备和无人突击装备应纳入地面突击分队的范畴。

结合参考资料和新装备的发展,本教材给出地面突击分队的初步定义,地面突击分队是以坦克、步兵战车、装甲突击车、装甲输送车、自行火炮、侦打无人战车和察打无人机为主要作战装备,视情配属信息装备与保障装备,在战斗中执行地面突防任务的营、连、排、班和与其火力相当的作战单位的统称。

(2) 火力规划技术基本要素

火力规划问题总体需与"侦-控-打-评-保"链路相一致,在火力规划体系建立的过程中,最重要的、最能体现思想的三个基本要素是规划模型、求解算法和打击效果评估。

规划模型是核心内容。传统的火力打击方案是完全通过各级作战指挥人员个人的经验、能力与作战潜能来生成这种方案直接下达到各个作战单元,虽然在整个作战过程中具有较高的统一性,但其方案生成的效率低、时效性差,非常依赖于作战指挥人员的能力,并且通过这种方式生成的方案很难保证其在全局上达到最优。火力规划模型是基于武器目标分配(WTA)等方法建立起来的,态势信息为输入,打击行动方案为输出,目标是一体化解决在什么时间,去什么地点,用什么武器,打击什么目标,达到什么效果的问题,具有科学性、复杂性和行动控制完备性等特点。

求解算法是火力规划的重要手段,是完成指挥辅助决策的关键步骤之一。传统的火力打击方案由作战指挥人员制定并直接下达到各级,并不需要对此做出过多的处理。而基于火力规划体系建立的模型通常考虑战场全方面的作战信息,具有极高的复杂性和求解难度,仅仅依靠作战指挥人员很难在短时间内解算出相应的火力打击方案,需要通过运用计算机的高速解算能力来求解出相应的火力打击方案。

打击效果评估是火力规划过程的闭环反馈。传统地面突击分队作战过程中,打击效果评估多是作战单元对自身火力打击效果的一种观察与判定,并且没有与上级做出任何相联系。仅仅是在极少数的时候,如上级作战指挥人员需要对战场整体态势做出了解和评定时,才会做出整体上的大规模的打击效果评估。在火力规划体系下,打击效果评估是实现控制循环和反馈最关键的一环,不仅是针对各作战单元的评估,还包括突击分队整体作战效能、目标群整体作战效能和战场整体趋势态势的评估。

1.3.2 火力规划内容

地面突击分队火力规划技术,依赖于指挥控制系统和作战任务规划系统提供的硬件及软件平台,并作为两个系统运行的重要功能之一,为地面突击分队的信息化作战提供有力保障。火力规划技术在实际应用中,往往作为一个重要的辅助决策功能模块嵌入在指挥控制系统和作战任务规划系统中,作为作战系统的一个前馈环节,调节作战系统使其能够向着指挥员期望的方向发展。火力规划的核心是借助于先进的网络通信技术、计算机等信息技术与设备,代替指挥员或参谋人员处理大量繁杂信息,在作战的不同阶段为指挥员提供近乎实时的辅助决策,如图1-4所示。

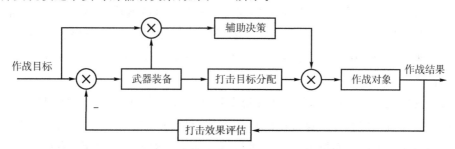

图1-4 实现辅助决策的火力规划过程

作战就是在任务牵引下的基于一定环境的敌我双方作战对象的暴力对抗。因此,要实现火力规划,只有全面、准确地了解并科学描述作战任务、作战环境、作战力量、作战对象等这些与火力规划密切相关的基本因素及其相互关系,才能保证火力规划结果的科学有效。

作战任务是作战行动的牵引条件。作战任务的不同决定了地面突击分队作战重心的不同。例如,执行支援、防御任务时,地面突击分队应以打击对我地面部队行动构成威胁的目标为重点;当地面突击分队执行以火力打击直接达成战役、战斗目的的作战任务时,要着眼直接以火力挫败敌人的进攻或者防御的武器装备。作战任务决定了作战行动的基本模式,作战任务确定后,地面突击分队的指挥员及指挥机关才能够根据作战任务,领会上级意图,下定作战决心,组织作战力量,确定作战行动基本过程。如选择或尽量促成怎样的作战环境、配置什么样的作战力量、重点打击什么类型的敌方目标、如何分配火力等。

战场环境是指战场及其周围对作战活动有影响的除双方作战力量之外的各种外界情况和条件的总和。战场环境是双方作战力量展开部署和实施行动的依托,是作战行动赖以发生与发展的基本条件。战场环境内容十分丰富,它包括:自然环境、电磁环境、社会环境、军事环境、政治环境、经济环境、科技环境等多个层面,但也可以笼统地概括为自然环境和人为环境两个方面。这里着重考虑与地面突击分队作战密切相关的自然环境。自然环境是由地形、水文、气象等要素构成的自然综合体,而其中地形地貌、气象条件对地面突击分队作战影响最大。因此，在火力规划过程中，必须充分考虑地形环境、气象条件对我方作战力量的战场机动、阵地配置、火力发挥、战斗组织与协调等产生的影响，并努力将其转化为对我方完成战斗任务有利的条件。

作战对象是地面突击分队执行作战任务所指向的敌方目标，是构成敌我双方或者敌、我、友多方作战必不可缺的组成要素。地面突击分队的作战目标主要是对陆地战场目标实施火力打击。因此，科学评估目标的威胁度（价值）并排序，是火力规划的重要环节，是实现精准打击的前提和基础。

作战力量是地面突击分队可用于作战的各种武器装备和兵员的总和，是遂行作战任务、实施火力打击、取得作战胜利的物理基础。信息化条件下地面突击分队一体化联合作战的基本形式，决定了地面突击分队作战力量具有复杂的构成：主要由主战装备、侦察装备、通信与指挥装备、保障装备及相关人员等构成。在火力优化的过程中，主要考虑坦克、步兵战车、自行火炮、反坦克武器、地面无人作战平台等主战装备对敌目标的分配与优化部署。

此外，为实现火力规划，还需要掌握对上述作战要素及其相互关系的定性定量描述方法，特别是对目标的威胁度及价值的科学评估与排序方法、对基于作战行动模式的火力单元、对目标的分配关系模型等问题进行深入研究。对于这些问题，将在后续章节中给予详细论述。

1.3.3　火力规划流程

随地面作战精细化需求的增长和武器装备信息化能力的提升，面向信息化战场和新质武器装备特点的分队级任务规划系统进入研制周期和出现，并逐步改变和影响着已有典型地面作战样式。随之而来，分队级火力规划作为分队级任务规划系统的重要组成部分开始发展与应用，火力规划的特点是充分整合了作战进程中的信息流与火力流，将火力资源在战场上的优势以信息的形式来表达和体现，最终目标是实现面向火力优化的多武器平台作战自治性、高效性。

本质上，信息化条件下的分队作战过程是战场信息的采集、传输、处理、运用和火力的任务分配、方案执行、打击实施、效果评估的循环过程，如图1-5所示。其中，有底色的模块是分队火力规划技术的核心内容，也是本教材将要详细介绍的内容。

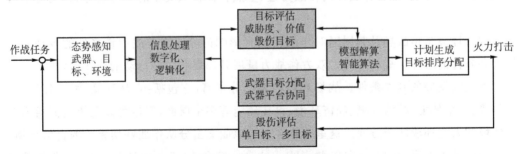

图1-5　分队火力规划流程

(1) 作战任务

作战任务是主动输入和接受的战场信息,可归入于信息流中的信息采集环节,服务于打击任务环节。作战任务是火力规划系统的实际输入,通常为收到的上级作战意图、使命任务或打击目标清单,是多武器平台实施火力打击的行动目标。如上级只是给出作战意图,则本级在上级支持下,要进行精细化的态势感知;如上级已经提供了明确的目标清单,则本级可直接进行目标毁伤分析。

(2) 态势感知

态势感知属于信息流中的信息采集环节,态势感知是火力规划系统模型参数的确定与获取过程,主要含有武器、目标、环境三方面信息的感知。主要包括目标性质、地位作用、组成结构、形状特征、地理位置等;我方武器的数量、状态、弹药等;目标附近的地形、气象特点、兵器配置等情况。

(3) 信息处理

信息处理是对态势感知信息规范化、标准化的处理过程,信息处理是依照火力规划系统对模型参数的要求规范,将感知到的态势信息进行数字化、量化、标准化和逻辑化。

(4) 目标评估

目标评估是通过对目标几何特性及分布、威胁度或战场价值、打击紧迫性、易毁性等特征的评估,定量化上级毁伤意图,给出需要达到的具体毁伤程度,形成目标清单。目标清单主要包括:目标编号、目标性质、目标幅员、目标位置、目标状态和要求毁伤程度等。

例如,目标是一个机步连,上级作战意图中毁伤要求是降低其效能,使其不能实施进攻作战。该毁伤要求需要解释为可衡量的毁伤效果,比如"消灭该部队的25%""具体多长时间内有50%的力量无法机动"或"与上级通信受到严重影响"等。目标打击规划人员的工作就是要将指挥官的意图转化为可衡量的目标打击效果。

(5) 武器目标分配

武器目标分配是火力规划的核心内容,通过建立分队级别的火力优化模型,可以实现一对一、多对一、多对多等多种形式的火力优化。

武器目标分配是从可用的作战武器资源中选择合适的类型和数量分配到具体的打击目标,以便实现上级作战意图中规定的目标毁伤程度或具体的效果。武器目标分配要考虑目标的弱点、敌方行动(行动效果及对抗措施)、武器特点与效果、弹药投射误差和准确性、毁伤机理和原则、杀伤概率、武器可靠性以及弹道等因素。在领会上级作战目标、预期效果、任务及指示的同时,必须清楚目标清单选定的目的和目标打击的效果,这些是开展武器目标分配的基础。在理论和业务上来看,武器目标分配是火力打击工作的一个关键环节,但实际上贯穿于目标选择、部队选择和计划拟制与执行的整个过程。

进行武器目标分配时还必须注意武器的可用数量。某些能够实现纵深突破或其他特种效果的高价值武器通常数量有限,为了防止代价过高,只应用于打击那些需要成功打击且十分重要的目标。

(6) 模型解算

模型解算属于信息流中的信息运用环节,是对火力优化模型与目标评估结果数据进行的综合性计算。在信息化条件下,这种模型的解算通常采用智能优化算法来实现。

(7) 计划生成

计划生成属于信息流中的信息运用环节,内容是火力打击的输入量,可为每一个武器平台都指派一个具体的作战行动任务,即具体的打击目标。

(8) 火力打击

火力打击属于信息流中的信息运用环节,是作战打击方案的具体实施,是达成作战目的、完成作战任务的实施手段与必要环节。

(9) 毁伤效果评估

毁伤效果评估属于信息流中的信息运用环节,毁伤效果评估结果是火力规划系统的反馈量,通过对单目标或多目标毁伤的评估,明确作战任务完成程度,把握作战进程与战场态势,为下一时刻火力优化提供依据,为形成闭环的火力规划提供必不可少的数据支撑。

1.4 地面突击分队火力规划运用

地面突击分队火力规划的关注重点是武器平台协同和火力单元协同的火力运用过程。与空战场、海战场等不同,地面作战环境复杂、武器类型多样、火力对抗激烈,现有火力打击精确协同应用较少,分队协同火力打击实现的难度较大。

1.4.1 运用场景

地面突击分队在岛礁夺控、通道封锁、纵深袭击、要点防御、城镇进攻等作战样式下发挥着重要作用,尤其是"占领和控制"等军事任务,地面突击分队具有不可替代的作用。地面突击分队接收作战任务后一般需要在规定地域集结,然后按照作战任务展开。当准备对目标进行火力打击时,需要按敌兵力特点和地形环境进行武器编组的部署与打击任务的分配;当火力交战时,需要根据武器资源和打击任务对武器-目标进行分配。地面突击分队火力规划包括火力单元协同运用和武器平台协同运用两个方面。

(1)火力单元协同运用

火力单元协同的火力规划属于面向编组火力运用的规划类型,是地面突击分队火力打击的核心规划内容,也是战术级规划优化的重要体现。在受领作战任务后,对地面突击分队火力打击力量进行作战编组,形成火力单元。根据总体作战任务,结合具体的作战类型,如进攻战斗、防御战斗、登陆战斗、边境战斗、城镇战斗等,对火力单元的任务进行规划。地面作战场景类型多样,一种典型进攻作战场景如图1-6所示。

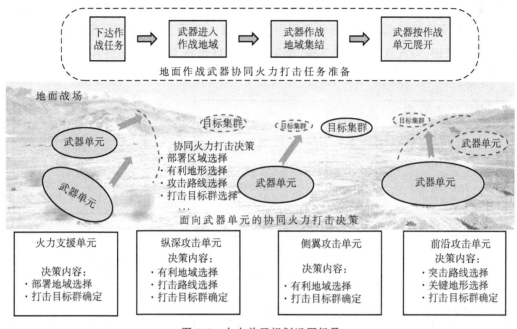

图 1-6 火力单元规划运用场景

火力单元的火力规划主要在双方火力接触前,通过对作战力量单元的合理运用达到提高分队整体火力打击效能的目的。在地面突击分队作战过程中,作战武器单元通常作为火力运用的基本单元,如前沿攻击单元、侧翼攻击单元、火力支援单元等,对敌实施具体的火力打击行动。前沿攻击单元和侧翼攻击单元等通常由主战坦克等突击武器组成,担负毁伤敌作战力量、开辟进攻通道、占领控制关键地域等任务;火力支援单元通常由压制火炮等火力支援武器组成,担负对敌进行火力压制任务,支持突击力量的进攻行动。火力单元的火力规划根据不同作战类型和任务有不同的内容,例如:

① 进攻战斗需要确定前沿攻击单元、侧翼攻击单元等武器编组发起攻击的主要路线和打击方向,合理分配不同单元对敌的协同打击任务;

② 防御战斗需要确定武器单元的部署位置,协同分配关键的守卫阵地;

③ 登陆战斗需要确定武器单元进攻的突破口,以及单元之间的打击任务划分;

④ 边境战斗需要确定前沿突击单元和火力支援单元等武器编组的关键部署位置、控守的作战要地;

⑤ 城镇战斗则需要针对敌武器类型和兵力分布,分配武器单元的打击任务和关键目标。

可以看出,在实际作战过程中火力单元的火力规划具有广泛的应用场景,多种作战类型都需要火力规划的支持。

(2) 武器平台协同运用

交战过程中双方火力对抗激烈,为提高多武器火力打击效果,需要对武器平台的打击规划进行优化。由于火力打击是一种动态过程,因此需要对作战行动进行实时的科学规划。武器平台协同火力打击部分应用场景如图1-7所示。可以看出,在对抗双方交火时,如前沿突击、侧翼攻击、火力支援、空地协同等打击行动,火力规划具有广泛的应用场景。

图1-7 武器平台火力规划运用场景

武器平台火力规划的应用在多武器协同打击的火力对抗过程中,通过合理分配武器-目标的打击方案实现多武器整体火力打击效果的优化。在不同的作战类型中,武器平台协同火力打击作为整体协同的关键,都具有广泛的应用。例如,突击武器协同打击中,主战坦克等突击武器高效协同对敌目标进行打击,提高多武器的火力打击效果,同时减少武器所受威胁;空地火力协同过程中,地面支援火力与空中支援火力协同分配,实现对敌火力的高效覆盖;无人打击武器协同打击规划能够合理运用无人装备的作战优势,支持整体的作战火力行动;有人/无人武器协同打击规划可以充分发挥无人武器在作战中的打击能力,减少人员伤亡。

可以看出,武器平台火力规划在多武器协同打击中应用广泛,对提高地面突击分队整体火力打击效果起到重要作用。

1.4.2 运用方式

地面突击分队协同打击包括分队内步兵、坦克兵、炮兵等兵种力量,还可得到分队外的陆军航空兵和炮兵单元的火力支援,有些分队还配置了地面无人作战平台,打击武器涵盖单兵、坦克、步战车、榴弹炮、迫击炮、反坦克导弹以及武装直升机、远程精确打击火炮、无人作战平台等,协同规划对象多、难度大。目前,针对地面突击分队的火力打击任务,除了同兵种作战力量之间的协同火力打击之外,不同类型火力之间通常有以下协同方式。

(1) 步、坦火力协同

主要是坦克兵引导步兵冲击,或者步兵乘步兵战车进行突击。坦克火力主要对敌装甲目标进行打击,步兵火力主要负责对敌反坦克武器进行打击,两者协同发挥协同火力打击效能。

(2) 步、坦、炮火力协同

炮兵火力主要负责破坏敌防御阵地,杀伤敌有生力量,以火力压制敌防御支撑点和纵深目标,制止敌兵力、兵器机动,支援步兵、坦克兵冲击。步兵、坦克兵利用炮火效果,由坦克兵引导步兵冲击或火力支援步兵冲击,协同消灭敌人。

(3) 步、坦、炮、陆航火力协同

陆军航空兵对地面突击分队进行火力支援,与地面步、坦、炮协同进行火力打击。陆军航空兵依靠空中优势,对敌陆军航空兵、地面装甲目标、重要工事进行打击,同时炮兵对坦克兵和步兵的冲击进行火力支援,多兵种火力协同对目标进行打击,从而完成作战任务。

(4) 步、坦、炮、陆航及无人平台火力协同

无人平台与步、坦、炮、陆航进行协同侦察、协同任务分配、协同射击等。无人平台可担负侦察、障碍突破、反狙击和直接射杀等火力打击任务。无人平台利用其可达区域广、运用限制少等特点,减少有人作战武器的所受威胁,提高协同火力打击的灵活性和效能。

当前,地面突击分队火力规划目前仍以指挥员指控规划为主,各武器平台按照作战规则和指挥命令进行火力打击,是一种粗犷的规划方式。不同武器之间的火力打击参数难以及时共享,指控系统和火力系统数据无法直接共享,整体的协同火力打击效率不高。

1.4.3 有待进一步解决的技术问题

实现火力规划运用首先需要构建适用于地面战场的规划架构,解决地面作战打击规划的具体运用问题。同样,需要研究针对火力单元与武器平台协同的规划方法,一体化解决地面突击分队的火力规划与优化问题。

(1) 火力规划架构问题

火力规划是一种军事应用技术,虽然一些规划理论和方法已经广泛应用到社会生活

中,但是实际作战的运用仍然比较困难。原因在于火力规划必须有效解决战场信息获取、信息处理、规划执行等多个问题;火力规划必须依托地面突击分队武器装备的实际任务和应用特点。仅考虑规划方法,而忽略战场信息获取与处理、武器火力运用、作战任务需求等,那么规划方法将是无源之水、无本之木。

火力规划架构设计面临很多问题,例如:如何充分发挥地面作战武器察打一体化能力,如何利用武器平台的通信、计算、控制等信息化装备特点,如何解决作战人员规划和计算机规划的协同、融合问题,如何选择规划计算中心,如何实现动态战场态势火力规划过程等。

(2) 火力单元的火力规划问题

火力单元作为按照组织编制和任务要求编队的整体,是战场火力优化运用的关键,也是承担作战打击任务的主体。通常,火力单元的协同火力打击任务由作战指挥员进行规划,受自身知识、经验、判断能力的制约,完全依靠指挥员的作战规划的使得规划结果的科学性降低。因此,基于智能规划框架采用人-机协同规划方式,融合多个规划者的意见,是提高武器编组火力规划有效性的重要途径。

火力单元的火力规划面临许多问题需要解决:如何在权重信息完全未知的情况下确定属性权重和规划者偏好权重,如何对编组目标的威胁度进行计算,如何实现规划方案的组合优化,如何建立任务分配优化模型并提高模型的求解效率等。

(3) 武器平台协同的火力规划问题

火力打击行动阶段需要确定最优的武器-目标分配方案,以获得最优的打击效果。火力单元主要进行任务分配,如火力部署、编组武器的分配等,而武器平台协同一般进行打击目标的分配。提高多武器-多目标的协同火力打击分配规划科学性,对提高分队整体的作战打击能力具有重要作用。因此,需要基于战场感知信息,对目标的威胁指标进行量化并评估出目标的威胁程度,针对不同的作战要求和态势任务采取不同的优化方法。

多武器-多目标的火力规划需要解决:如何科学量化个体目标的威胁指标,如何合理地评估个体目标的威胁度,如何进行多类型武器的火力协同分配,如何提高协同打击的效用,如何建立动态环境下的武器-目标分配模型,如何设计快速、高效地求解算法等。

思考与练习

1. 决策与规划的联系与区别是什么?
2. 火力决策可以分为哪几个层次?
3. 分队级火力打击决策架构的特点是什么?
4. 联合火力规划包含哪些内容?

第 2 章 战场信息量化与建模

信息,已成为指挥员实施作战决策和指挥部队行动的重要依据和基本前提,将直接影响战争的胜败结果。指挥过程,从某种意义上讲,就是战场信息获取、量化和建模的过程。信息化条件下,地面突击分队拥有高速的机动能力和强大的火力打击能力,可以在短时间内迅速集中兵力和火力攻击目标,这就使战场信息的运用在战斗中的地位大大提高。及时、准确地获取、量化信息和进行信息建模,能够对夺取战斗的主动权起到决定性的作用。同样,只有清晰、准确、系统地获得战场信息,并对其进行及时、合理的处理和量化建模,地面突击分队进行火力规划的目标才能得以实现。

总体而言,火力规划的实现过程即战场信息建模并求解的过程,主体包含有战场信息建模、火力规划方案生成和目标毁伤评估3个主要部分。本章重点介绍战场信息量化与建模的作用和方法,为后续火力规划方案生成和目标毁伤评估奠定基础,具体分为信息采集、信息传输、信息量化和信息建模四个方面。

2.1 战场信息采集

战场信息采集是地面突击分队火力规划的前提,它贯穿于信息化条件下分队作战的全过程。通过战场信息采集,了解到敌方、我方以及环境等战场信息,为地面突击分队作战决策提供数据依据。在指挥员下定作战决心时,需要全面地掌握战场信息,以便准确分析、判断战场态势;在制订作战计划和保障计划时,需要提供详细的有关兵力、兵器和作战物资的数量和分布情况的信息,以便科学地计算和分配兵力、物资等资源;在作战任务实施过程中,需要及时提供战场态势、敌我双方的战损情况等方面的信息,以便实施有效的火力规划与火力、兵力的战场协调。

地面突击分队战场信息获取主要有两种途径,一是依靠自身力量实时收集,二是依靠上级下发等其他方式获取。

2.1.1 自身力量收集

地面突击分队配备的装备中含有完备的信息收集装备,主要包括:装甲侦察车、无人侦察机、侦察雷达、侦察照相(摄像)机等,依靠它们并辅以多种技术手段,地面突击分队可以获得丰富的第一手战场信息。

(1) 装甲侦察车

装甲侦察车是地面突击分队编配的主要侦察装备力量,具有机动速度快、侦察手段多、侦测距离远、防护能力强等特点,在组织实施战场侦察时,必须周密计划,合理使用装甲侦察车,最大限度地发挥车载侦察装备的战场感知功能。装甲侦察车装备有车载侦察镜、近程无人侦察机、数字摄录像机等设备,可利用火力突击掩护迅速深入。装甲侦察车具备光学、热像、雷达等多频谱侦察能力,可实施不同天气下的侦察监视和战场搜索任务,以获取战场敌情、地形、地貌等情报信息。

(2) 无人侦察机

小型近程无人侦察机主要用于执行战场侦察监视、目标精确定位、火炮校正射击和毁伤效果侦察等任务,为地面突击分队作战指挥、实施快速野战机动提供情报保障。无人侦察机可遂行战场监视、目标侦察、火力引导和毁伤效果侦察等任务,可提供当前战场态势、部队部署、目标位置和地形情况等情报信息。由于无人侦察机系统及机载设备的使用有一定条件约束,为充分发挥其效能,应综合考虑任务性质、机载设备特性要求、地对空打击火力的威胁程度等。在组织实施战场侦察时,必须周密计划,科学合理地确定无人侦察机的作战飞行高度和侦察范围等,最大限度地发挥空中侦察效能。

(3) 传感侦察系统

传感侦察系统能够监听各种感应信号,查明敌方活动目标的位置、性质、出现时间、方向及行动规模等情况,主要用于对关键道路、要点进行监视,对出入的人员、车辆、低空直升机等目标实施昼夜不间断侦察监视。传感侦察系统主要由探测器、中继器和监视终端三大部分组成。在作战运用中,传感器可根据需要组成不同规模的组合。可采用单个部署对某一路口、桥梁等重要地点监视;也可采用多个部署,形成几何形状布设以增强侦察效果;还可采用区域扇形或环形布设,实现对大范围的侦察与监视。

此外,地面突击分队装备中的武器平台,也都具有一定的战场感知能力,它们也可通过战术互联网,将采集的战场信息向分队指挥所、友邻作战单元通报,在此不予详述。

2.1.2 其他途径获取

地面突击分队除了以自身侦察装备直接获取战场信息外,还不断地从上级、友邻、下级等渠道间接地获取战场信息。

(1) 上级下发情报

地面突击分队在作战中可以得到上级的情报支援和保障。上级通常以敌情通报的方式下发与本地面突击分队相关的敌情情报信息。上级情报部门下发敌情通报后,情报信息传输及分发流程为:首先,本级基本指挥所的侦察情报机构协调工作人员接收情报信息并对其进行初步处理;然后,传输至情报处理中心,由指挥人员进行处理,形成敌情态势图和敌情通报;再由情报分发人员分发到指挥机关以及基本指挥所、后勤指挥所、装备指挥所等;最后,本级侦察情报部门根据指示,由本级情报分发人员将情报信息分发到下级指挥机构。

(2) 友邻敌情通报

地面突击分队在作战中与友邻分队要建立情报信息共享机制,及时通报与对方作战行动相关的敌情信息。友邻情报部门分发敌情通报后,情报信息传递和处理流程基本同上。

(3) 情报保障队情报

情报保障队直接接受地面突击分队队长和侦察情报部门的指挥,并将获取的敌情情报直接报告给队长和本级侦察情报部门。地面突击分队用接收的情报保障队的情报信息更新战场态势图。

(4) 下级情报

地面突击分队直接接收各所属下级分队单元上报的敌情信息。地面突击分队接收下级情报的信息,经侦察情报部门和分队指挥中心处理后,形成敌情态势图和敌情通报。

2.2 战场信息传输

战场信息传输作为地面突击分队指控系统的"神经",为指控系统中指挥控制、情报侦察、电子对抗和武器平台等各部分之间的信息传输提供公共的传输平台,实现了各指挥、作战和保障单元直至单车和侦察单兵之间的互联互通,保障部队作战中各种信息传输的需要。

基于不同的硬件基础和通信手段,可将其传输方式分为有线传输、无线传输、初级战术互联网传输、数据链传输、移动传输、卫星传输和无人机传输等多种方式。

(1) 有线传输

有线传输是指利用金属导线等传输信号达成的信息传输。可传输语音、文字、数据和图像信息等。其中,有线电通信的信号沿线路传输,性能稳定,通信质量高,利用复用设备可获得大量信道,通信容量大,电磁辐射较少,保密性能好,不易受自然和人为的干扰,能较好地保证信息的正常传输,但其施工时间长,维护工作量大,机动性和抗毁性差,不适于野战机动部队的信息传输。

(2) 无线传输

无线电台传输是指使用长波、短波和超短波等电台达成的无线电传输,可进行电报、电话、数据和静态图像等形式信息的传输,它建立迅速,便于机动并具有能同远距离、运动中、方位不明、被敌人分割或被自然障碍阻隔的分队建立通信联络的优点,是地面突击分队的主要通信手段。

无线电接力传输是指利用超短波、微波的视距传播特性,采用中间站转接的方法达成无线电传输,又称无线电中继传输,可传输多路电话、电报、图像、数据等信息,是无线电通信传输的主要方式。

(3) 初级战术互联网传输

初级战术互联网是以无线通信和互联网技术为基础,将战术电台、野战传输设备、路由设备和信息终端等互联而成的面向信息化战场的一体化战役/战术通信系统。初级战术互联网可为诸军兵种联合作战的指挥控制、侦察情报、电子对抗、武器控制、综合保障等所需的信息提供传输与交换平台。

(4) 数据链传输

数据链是一种按规定的消息格式和通信协议来实时传输处理格式化消息,并链接着传感器、指挥控制系统和武器平台的战术信息系统数据链。所传输的信息包括传感器获取的目标信息、武器平台发出的状态信息,以及指挥控制系统产生的指控信息。数据链可根据具体任务,确定信息交互和信息共享的规则。如针对实时性要求很强的目标位置类信息,数据链遵循特定的数字编码标准,进行统一、简明格式化表述,并形成消息标准体系。这种格式化消息便于设备直接识别和处理,可以提高信息表达和传输效率。

(5) 移动传输

移动通信传输是指使用移动通信传输终端直接达成或通过基站达成的无线电传输,其特点是可快速部署、机动保障、地域覆盖广、实时传输等,它主要用于地面突击分队运动中的通信传输。移动通信传输的主要方式有对讲机传输、军用CDMA(码分多址)移动通信、集群移动通信传输、卫星移动传输等。移动通信传输中的双工移动传输系统是一个全数字、双工保密、有密钥自动分发和交换功能的野战移动通信传输系统。

(6) 卫星传输

卫星通信传输是指利用人造地球卫星中继转发信号达成的无线电传输,它具有覆盖范围广、传输距离远、通信容量大、受环境和自然影响小、具有远程"移动通"能力等特点,主要用于远距离战场信息传输。卫星通信网是指使用通信卫星和卫星通信地球站建立的无线电通信传输网。

(7) 无人机中继传输

无人机中继通信系统由无人机平台、通信载荷、地面测控车、运输发射车和综合保障车组成,其特点是机动性强、易部署、特别适合野战部队运动通信。无人机中继传输可完成指挥所战场综合态势、电子对抗电磁态势、特种侦察分队侦察情报等向各级指挥所、指挥平台、作战分队、火炮、导弹等的实时分发,保证生存性信息及时传输;同时,可对超短波电台链路进行中继,实现超视距通信。

2.3 战场信息量化

随着战术互联网、指挥控制系统等的投入使用,信息化条件下地面突击分队可以通过具有交互作用的信息化网络,实时采集、量化、存储、传输和分发管理战场信息,并将其发送到指挥控制系统终端或战术互联网各作战单元,提高了作战人员战场感知能力,也达成了对战场态势和作战任务的共同理解。战场信息量化,是对获取的各类战场信息进行分析鉴别、分类整理及量化处理的活动,是战场信息活动中的一项重要工作。

信息鉴别。信息的分析鉴别是战场信息运用的关键环节。不经分析鉴别,轻率地使用信息,势必造成决策失误,指挥失当,给作战行动带来难以挽回的损失。信息的分析鉴别是排除虚假信息,从大量的信息中排除虚假、失真的信息,找出真实准确的信息,以免使用不确实的信息而导致指挥的失误。对信息的分析鉴别,应坚持技术分析与经验判断、逻辑判断相结合,坚持实事求是,切忌主观片面和绝对地看问题。

信息分类。从各种渠道来的信息,纷繁复杂,性质各异,有些是平时积累的,有些是战时获取的,必须进行科学的分类和整理,为信息的分析评估建模与运用打下良好的基础,如按信息的性质分类,可分为敌情、我情、地形、天候等。

下面着重讨论为适应计算机处理而实施的信息量化处理活动。

2.3.1 任务量化

地面突击分队依据指挥控制系统规划生成的火力打击方案实施多批次火力打击,每批次火力打击结束后,检测被打击目标的毁伤情况,确定目标的毁伤等级,评估每批次的火力打击效率,为下一时刻火力打击做准备。

明确打击任务等级。毁伤是对目标压制、歼灭、破坏或妨碍其行动等的总称。毁伤是一个抽象概念,对于不同的作战对象有不同的标准,其效果既可能是彻底消灭目标,也可能是使其部分丧失战斗力。

按照目标 3 种作战能力的丧失程度来划分目标的毁伤等级,即每个目标均从信息能力的丧失程度、火力能力的丧失程度和机动能力的丧失程度三个方面评估其毁伤情况。将目标的各作战能力毁伤程度由轻到重分为 5 个等级,目标各作战能力毁伤等级评估指标将在后续章节详细介绍。

依据目标的毁伤等级可确定每批次火力打击后目标毁伤程度,更新目标当前状态,并且可据此为地面突击分队制定火力打击任务。

假设战场某时刻检测到 N 个目标,建立作战任务矩阵为

$$\boldsymbol{M} = \begin{pmatrix} \boldsymbol{M}_1 & \boldsymbol{M}_2 & \cdots & \boldsymbol{M}_N \end{pmatrix} \qquad (2\text{-}1)$$

式中，$M_j(j=1,2,\cdots,N)$为第j个目标的打击任务向量，可表示为

$$\boldsymbol{M}_j = \begin{pmatrix} M_{1j} & M_{2j} & M_{3j} \end{pmatrix}^{\mathrm{T}} \tag{2-2}$$

式中，$0.1 \leqslant M_{lj} \leqslant 1$，$M_{1j}$为对目标信息能力的打击任务，$M_{2j}$为对目标火力能力的打击任务，$M_{3j}$为对目标机动能力的打击任务。$M_{lj}$越大，表明对第$j$个目标第$l$种能力的打击任务越重要，该种能力毁伤的程度越大。为计算方便，令未分配任务的目标j'的打击任务向量为$M_{j'}=\begin{pmatrix} 0.1 & 0.1 & 0.1 \end{pmatrix}^{\mathrm{T}}$。将对目标的打击任务按照打击效果由轻到重分为五个等级，如表2-1所示。

表 2-1 打击任务等级

打击程度	任务等级	打击任务指标
不打击	Level A	$M_{lj}=0.1$
威慑	Level B	$M_{lj}=0.25$
限制	Level C	$M_{lj}=0.5$
毁伤	Level D	$M_{lj}=0.75$
完全摧毁	Level E	$M_{lj}=1$

2.3.2 环境量化

战场环境是指战场及其周围对作战活动有影响的各种情况和条件的总称。战场环境是双方作战力量展开部署和实施行动的依托，是作战行动赖以发生与存在的基本条件。随着武器装备的发展，地面突击分队机动能力不断提高，自主定位定向能力不断增强，地面突击分队克服自然条件限制的能力得到极大提升，地形、气候等因素对其作战行动的影响有所减弱，但自然条件对作战行动的制约与影响仍相对较大，要有效地综合利用战场环境要素，以弥补武器装备作战运用的不足。

战场环境包含的内容较为丰富，大致可分为自然环境、军事环境、社会环境和电磁环境4类。根据信息化条件下地面突击分队作战特点，这里仅讨论战场自然环境和电磁环境。其中的自然环境，主要考虑战场地形和战场气象两个方面。

(1) 战场地形

地形是指战场的自然地理结构和形态，包括地貌、地物及植被等。地形负载着作战双方的兵力、兵器，并以不同的形态结构制约着战场容量、作战规模、投入力量和武器装备的类型，通过对作战地区地理地形的分析，可以清楚地了解其对完成战斗任务产生影响的有利条件和不利因素。

对于地面突击分队作战而言，战场地形地物主要影响武器的射击命中概率，可从可观测性p^{OB}和射击可达性$S^{\mathrm{IGN\_SR}}$两个方面考虑。

地面突击分队主战武器平台对目标的可观测性是指战场通视性A^{TT}、武器平台对目标的侦察能力A^{DET}、观测的完整性p^{TI}和观测的清晰度p^{TD}。

（2）战场气象

气象是指大气的物理状态和现象,表现为冷、热、干、湿、风、云、雨、霜、雾和雷电等。气象对地面突击分队火力打击力量的战斗行动具有较大影响,有时甚至是决定性的,因此,地面突击分队需通过指挥控制系统感知战场气象信息,并且要善于辩证地分析气象条件对作战行动的利弊影响,并尽可能利用总体上对己有利、对敌不利的气象条件,达成作战目的。

对于地面突击分队作战而言,战场气象可以从战场能见度 λ^{WE} 这一气象系数来考虑。

（3）战场电磁

战场电磁环境是一定的战场空间内对作战有影响的电磁活动和现象的总和,主要由敌我双方的电磁应用和反电磁应用活动所构成,如通信、雷达、导航定位和电子对抗等。从战场中各类电磁信号的频率、功率和所处的时间、空间等角度将战场电磁环境划分为4个等级,如表2-2所示。

表2-2 电磁环境等级划分

电磁环境级别 λ^{EM}	分类条件
一级	$\gamma_\psi \gamma_T \gamma_S \leqslant 5\%$ 或 $\psi \leqslant 0.5\Psi$
二级	$5\% < \gamma_\psi \gamma_T \gamma_S \leqslant 20\%$ 或 $0.5\Psi < \psi \leqslant \Psi$
三级	$20\% < \gamma_\psi \gamma_T \gamma_S \leqslant 35\%$ 或 $\Psi < \psi \leqslant 1.5\Psi$
四级	$\gamma_\psi \gamma_T \gamma_S > 35\%$ 或 $\psi > 1.5\Psi$

注:γ_ψ 为频谱占用度;γ_T 为时间占有度;γ_S 为空间覆盖率;ψ 为电磁环境平均功率密度谱;Ψ 为电磁环境功率密度谱门限值。

2.3.3 武器弹药量化

地面突击分队作战武器是指地面突击分队指挥员及其指挥机关能够调动用于分队作战的各种武器装备的总称,既包括正规武装的武器装备,也包括非正规武装的武器装备;既包括地面突击分队自身的武器装备,也包括能得到的支援力量。信息化条件下地面突击分队作战,其参战武器装备的种类、数量、射程、精度、威力等都发生了质的变化。因此,实时了解地面突击分队不同武器装备的战场性能特征、作战能力及其弹药使用情况,并通过指挥控制系统实时感知己方地面突击分队武器装备的数量、作战状态及其弹药消耗量等量化信息显得尤为重要。

确定武器状态。依据信息化条件下地面突击分队装备配备的特点,将地面突击分队投入战场的武器装备分为信息装备、主战装备和保障装备3类。它们应具备信息、火力、机动、防护等基本作战能力和保障、指挥控制等特殊作战能力。本教材仅对其基本作战能力展开研究。

地面突击分队作战以信息为先导,通过信息装备获取战场信息,由指挥控制系统进行信息量化处理,以此规划地面突击分队火力;以火力主战,主战装备依据火力规划生成的最优火力打击方案实施打击,完成作战任务;同时保障装备依据战场实际,及时保障信息装备和主战装备,使其顺利完成作战任务。

假设战场某时刻统计己方地面突击分队共投入 M 个武器,建立地面突击分队武器状态矩阵

$$\boldsymbol{W} = \begin{pmatrix} \boldsymbol{W}_1 & \boldsymbol{W}_2 & \cdots & \boldsymbol{W}_M \end{pmatrix} \quad (2\text{-}3)$$

式中,$\boldsymbol{W}_i(i=1,2,\cdots,M)$ 为第 i 个武器的状态向量,可表示为

$$\boldsymbol{W}_i = \begin{pmatrix} W_{1i} & W_{2i} & W_{3i} \end{pmatrix}^{\mathrm{T}} \quad (2\text{-}4)$$

式中,$0 \leqslant W_{li} \leqslant 1(l=1,2,3)$,$W_{li}$ 为武器信息能力的状态;W_{2i} 为武器火力能力的状态;W_{3i} 为武器机动能力的状态。W_{li} 越大,表明第 i 个武器的第 l 种能力状态越完好。令新投入战场武器 i' 的状态向量为 $\boldsymbol{W}_{i'} = (1\ 1\ 1)^{\mathrm{T}}$;被完全摧毁的武器 i'' 的状态向量为 $\boldsymbol{W}_{i''} = (0\ 0\ 0)^{\mathrm{T}}$。

己方地面突击分队武器装备作战时主要配用穿甲弹、破甲弹和榴弹 3 种弹药,不同种类的弹药具有不同的毁伤效果。穿甲弹进入车体后,由于其破片数量多、速度高、能量大,对车内部件破坏严重;破甲弹是利用"聚能效应"形成的破甲流和钢甲金属碎片来达到破甲和杀伤武器平台内成员的目的;榴弹产生大量的弹片、强大的冲击波和猛烈的冲击振动,毁伤车外部、车内人员和一些减振性能低劣的部件。

以弹药对均质钢装甲的毁伤能力为对比,对地面突击分队弹药的毁伤威力进行计算。

2.3.4 目标量化

作战目标是指在作战双方对抗活动中相对于己方的敌人一方,是地面突击分队作战行动的客体要素。它主要是指敌方作战分队的武器装备,有时也包括具有重大战术意义的建筑或设施。敌方作战分队的武器装备包括其自身拥有的武器以及在作战中可能得到的支援武器,它是作战行动的主要物质基础。只有对作战目标的武器装备及其主要战术技术性能等有一个全面的了解和掌握,地面突击分队火力规划才能做到有的放矢。

地面突击分队对目标要素的感知包括目标的类型、数量及目标的作战状态等情况。每批次火力打击后,还需要感知被打击目标的毁伤情况,以计算己方地面突击分队火力打击效率,为进一步确定下一时刻火力打击方案提供依据。

确定目标状态。同己方地面突击分队武器装备分类一样,将信息化条件下敌方作战分队投入战场的武器装备分为信息装备、主战装备和保障装备,各类目标的基本作战能力也为信息能力、火力能力和机动能力。

假设战场某时刻检测到 N 个目标,建立敌方作战分队状态矩阵

$$\boldsymbol{T} = \begin{pmatrix} \boldsymbol{T}_1 & \boldsymbol{T}_2 & \cdots & \boldsymbol{T}_N \end{pmatrix} \quad (2\text{-}5)$$

式中，$T_j(j=1,2,\cdots,N)$ 为第 j 个目标的状态向量，可表示为

$$\boldsymbol{T}_j = \begin{pmatrix} T_{1j} & T_{2j} & T_{3j} \end{pmatrix}^{\mathrm{T}} \tag{2-6}$$

式中，$0 \leqslant T_{lj} \leqslant 1$，$T_{1j}$ 为目标信息能力的状态，T_{2j} 为目标火力能力的状态，T_{3j} 为目标机动能力的状态。同武器能力状态一样，T_{lj} 越大，表明第 j 个目标的第 l 种能力状态越完好。令新检测到目标 j' 的状态向量为 $\boldsymbol{T}_{j'} = \begin{pmatrix} 1 & 1 & 1 \end{pmatrix}^{\mathrm{T}}$；被完全摧毁的目标 j'' 的状态向量为 $\boldsymbol{T}_{j''} = \begin{pmatrix} 0 & 0 & 0 \end{pmatrix}^{\mathrm{T}}$。

2.4 战场信息建模

基于上述量化信息，对武器装备的作战能力、目标威胁度、目标毁伤情况，以及战场环境对战行动的影响等进行科学建模，是实现地面突击分队火力规划的关键前提。

2.4.1 环境信息建模

根据信息化条件下地面突击分队作战特点，这里仅讨论战场自然环境和电磁环境。其中的自然环境，主要考虑战场地形和战场气象两个方面。

（1）战场地形

对于地面突击分队作战而言，战场地形地物主要影响武器的射击命中概率，可从可观测性 p^{OB}、射击可达性 $S^{\mathrm{IGN\_SR}}$ 两个方面考虑。

地面突击分队主战武器平台对目标的可观测性是指战场通视性 A^{TT}、武器平台对目标的侦察能力 A^{DET}、观测的完整性 p^{TI} 和观测的清晰度 p^{TD}。战场通视性是指武器平台对战场环境直接观察的全面性；武器平台对目标的侦察能力是指武器平台对目标的发现、跟踪及监视能力；观测的完整性是指目标被观测到的部分占目标整体大小的比例；观测的清晰度是指目标识别、辨认及瞄准的清晰程度。其中，战场通视性和对目标的侦察能力表征武器平台对目标是否具有可观测性，观测的完整性和观测的清晰度表征武器平台对目标的可观测程度。武器平台的射击可达性由武器平台的射击死界体现。武器平台由于本身构造（最大俯仰角）的限制及弹药威力的限制，对一定范围内的目标无法实施射击，这一范围称作武器平台的射击死界。武器平台对射击死界外目标的射击是可达的，$S^{\mathrm{IGN\_SR}} = 1$；对射击死界中目标的射击是不可达的，$S^{\mathrm{IGN\_SR}} = 0$。

由此可得到武器射击命中概率的地形系数为

$$\lambda^{\mathrm{LF}} = A^{\mathrm{TT}} \cdot A^{\mathrm{DET}} \cdot p^{\mathrm{TI}} \cdot p^{\mathrm{TD}} \cdot S^{\mathrm{IGN\_SR}} \tag{2-7}$$

（2）战场气象

气象是一种不稳定的战场因素，不同的气象条件对武器平台射击命中概率有较大影

响。将气象信息转化为战场能见度,运用模糊决策确定能见度指标,并分为五个等级,不同等级对武器平台射击命中概率的影响不同,则武器平台射击命中概率的气象系数 λ^{WE} 如表 2-3 所示。

表 2-3 气象系数

战场能见度	非常好	较好	一般	较差	恶劣
λ^{WE}	1.0	0.9	0.8	0.6	0.4

关于极端天气对武器平台的影响,如暴雨对武器平台运动的影响、严寒对武器平台性能的影响等,可作类似处理。

(3) 战场电磁

信息化条件下作战,各类信息都依赖于电磁波这个媒介来传输,而且信息化程度越高,对电磁波的依赖就越大,战场电磁环境对地面突击分队作战的影响也越突出。战场电磁主要影响战场感知(情报侦察)、作战指挥控制、火力运用(武器控制)等作战能力,不同级别的战场电磁对各作战能力的影响程度有所不同,如表 2-4 所示。

表 2-4 战场电磁对作战能力的影响程度

电磁环境级别	作战能力		
	A^{BA}	A^{CC}	A^{FC}
一级	0.95	0.95	0.95
二级	0.85	0.9	0.9
三级	0.7	0.8	0.85
四级	0.5	0.7	0.8

注:A^{BA} 为战场感知能力;A^{CC} 为作战指挥能力;A^{FC} 为火力运用能力。

2.4.2 武器弹药评估建模

武器弹药是执行火力打击、完成作战任务的根本物质条件基础,武器弹药的种类、数量、射程、精度、威力等都对我方地面突击分队的作战样式、方法指挥手段、决策以及作战进程态势等有着重大影响。针对单武器平台或单枚弹药,主要评估其打击能力或毁伤能力,即可以通过单武器的打击能力和单枚弹药的毁伤能力来评估地面突击分队的作战能力,为我方作战指挥人员作战规划或指挥控制系统的自动化辅助决策提供依据。

(1) 武器火力打击能力

基于指挥控制系统的火力规划主要针对地面突击分队的主战装备,即仅将主战装备火力规划分配给各目标。而主战装备的作战能力主要体现在其火力能力上,即武器的射击命中概率及弹药的毁伤威力。

武器对装甲目标射击时,通常只有直接命中才可能毁伤目标。射击命中概率的大小主要取决于射击距离、弹药类型、目标大小等,可表示为

$$p = \Phi\left(\frac{m\sqrt{M_c}}{\sqrt{E_{zf}^2+G_f^2}}\right)\Phi\left(\frac{h\sqrt{M_c}}{\sqrt{E_{zg}^2+G_g^2}}\right)$$

$$= \Phi\left(\frac{m\sqrt{M_c}}{E_{sf}}\right)\Phi\left(\frac{h\sqrt{M_c}}{E_{sg}}\right) \tag{2-8}$$

式中，M_c 为目标体形系数；m 为目标宽度一半；h 为目标高度一半；E_{zf}、E_{zg} 分别为射击准备的方向、高低中数误差；G_f、G_g 分别为射弹散布的方向、高低中数误差；E_{sf}、E_{sg} 分别为射击的方向、高低中数误差。

(2) 弹药毁伤能力

由 2.3.3 节中对我方地面突击分队所使用的穿甲弹、破甲弹和榴弹 3 种弹药的毁伤效果的说明可知，很难找到相对准确的衡量弹药毁伤威力的标准，需要作出一定的假设与简化。假设弹药的毁伤威力与穿甲厚度、射击距离及弹药特种毁伤手段有关。将弹药对不同装甲的穿甲厚度转化为同等毁伤效果对均质钢装甲的穿甲厚度，均质钢装甲的穿甲厚度的不同反映出各弹药毁伤威力的差异，则弹药的毁伤威力可表示为

$$A^{\text{DA}} = \frac{\lambda^{\text{ADA}} T^{\text{HICKNESS\_D}}}{T^{\text{HICKNESS}}_{\text{UNIT\_HS}}} A^{\text{SDA}} \tag{2-9}$$

式中，λ^{ADA} 为装甲相对于均质钢装甲的抗毁伤能力系数；$T^{\text{HICKNESS\_D}} = f(W,d)$ 为弹药的穿甲厚度，是武器和射击距离的函数；$T^{\text{HICKNESS}}_{\text{UNIT\_HS}}$ 为单位均质钢装甲厚度；A^{SDA} 为弹药的特种毁伤能力。

2.4.3 目标威胁与价值评估

作战目标是指在作战双方对抗活动中相对于己方的敌人一方，是地面突击分队作战行动的客体要素。它主要是指敌方作战分队的武器装备，有时也包括具有重大战术意义的建筑或设施。只有对作战目标的武器装备及其主要战术技术性能等有一个全面的了解和掌握，地面突击分队火力规划才能做到有的放矢。

信息化条件下地面突击分队作战目标种类、数量多，火力打击强度大，迅速对多目标的重要程度进行排序评估，从中选出对己方完成作战任务最有利的打击对象，已成为指挥控制系统火力规划辅助决策面临的关键问题。

依据地面突击分队遂行战斗任务的特点，选定相应的目标评估准则。地面突击分队遂行主动型战斗任务时，战场局势相对清晰明了，指挥所或分队指挥员有较充裕的时间对目标的战场价值进行评估，做出战斗规划部署，生成最有利的火力打击方案，尽可能多地消灭有重大价值的目标；地面突击分队遂行被动型战斗任务时（如仓促防御），战场局势相对紧张，不确定性因素较多，火力打击节奏快，需要对目标的威胁度进行评估，以尽快消灭对己方地面突击分队威胁大的目标，尽可能多地保存自己。指挥员需要准确地把握战场局势，合理地选取目标评估准则，并能够根据战场局势的变化适时转换评估准则，评估并选取目标实施打击，以使得战场局势朝着最有利于己方的方向发展，取得战斗胜利。

针对上述 2 种评估准则选取 3 类一级评估指标和 13 类二级评估指标：目标静态指标（目标类型 I_{type}、机动能力 I_{move}、弹种 I_{bal}、指挥控制能力 I_{com}、发现目标能力 I_{fin}、射击反应时间 I_{tim}、毁伤概率 I_{hit}）、目标动态指标（武器目标距离 I_{xij}、目标速度 I_{vj}、火炮角度 $I_{\theta j}$）和环境指标（通视性 I_{see}、地形条件 I_{land}、气象条件 I_{wea}），如表 2-5 所示。

表 2-5 评估指标

评估指标	I_{type}	I_{move}	I_{bal}	I_{com}	I_{fin}	I_{tim}	I_{hit}	I_{xij}	I_{vj}	$I_{\theta j}$	I_{see}	I_{land}	I_{wea}
价值评估	√	√	√	√	√	√	√						
威胁评估	√	√	√	√	√	√	√	√	√	√	√	√	√

当前目标价值或目标威胁的评估计算方法种类繁多，如理想点法、层次分析法、线性规划法、专家法、模糊推理法、多属性决策法、贝叶斯网络推理法和智能计算方法等。这些方法各有所长，分别适应不同的情形。它们的有机结合，可以取长补短，提高信息处理的效率和有效性，满足一定场合的需求。详细内容见第 3 章。

思考与练习

1. 目前考虑的战场环境包括哪些环境信息？
2. 目标威胁评估指标体系具体包含哪几类指标，分别是什么？除本教材提到的指标外你认为目标威胁评估还应该包括哪些指标？
3. 射击命中率的计算公式是什么？该如何理解公式具体代表的含义？

第 3 章 目标威胁评估技术

本章主要介绍了目标威胁评估技术的基本概念,敌目标战术分群及战术意图识别、敌威胁目标指标体系建立方法、相关指标量化分析方法以及常用目标威胁评估算法。基于战术背景实例进行分析,计算敌目标威胁度值并进行威胁度排序。

3.1 目标威胁评估的概念

3.1.1 基本概念

目标威胁评估也称为目标威胁估计,主要针对战场武器装备等作战目标,以战场感知信息、目标特性参数和决策者经验信息等为基础,通过运用相关评估算法以定量的形式对目标的威胁程度进行估计和分析,其评估结果是进行火力优化运用决策的基础。

3.1.2 目标威胁评估的作用

目标威胁评估作为指控系统的重要组成部分,能够为指控系统实现目标管理、火力打击优化等提供基本的决策信息,因此在实际作战过程中主要担负以下功能。

(1) 辅助决策

在信息化装备逐步普及运用,信息的采集、传输、处理与运用技术日益提高,指挥控制系统成为合成化部队建设标配的情况下,自主或半自主的目标威胁评估、武器-目标分配、目标毁伤效果评估等辅助决策必将成为指挥控制系统必不可少的基本要素,而且依托于计算机量化计算或逻辑推理的目标威胁评估是现代合成化装备体系火力优化运用过程中一个最基础性的环节,如图 3-1 所示。

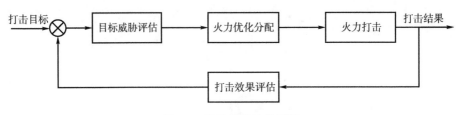

图 3-1 辅助决策过程框图

目标威胁评估环节是处于火力决策前期的基础性环节,其评估结果的准确性、有效性和及时性会直接影响整个部(分)队的作战指挥和作战任务的完成情况。

(2) 目标精确管理

现代战场的作战节奏日益变快,使得战场获得的信息处理难度越来越大,快速、众多、变化的目标越来越难以管理。尤其未来实现智能化作战时,必须实时综合处理目标的威胁信息,实现对目标的精确高效管理,如图 3-2 所示。

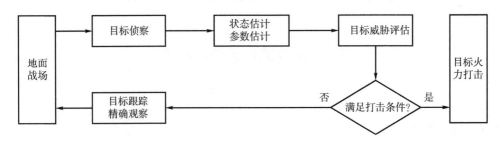

图 3-2 目标精确管理图

以地面战场的作战过程为例,通常根据侦察系统的信息对目标进行识别,然后确定目标的类型和状态,通过获得的目标状态参数信息分析目标的威胁度,根据目标威胁度判断对目标的打击方式,有针对性地分配侦察资源对目标进行实时跟踪,对于需要进行打击的目标,在有利的时机完成对目标的打击。

(3) 火力打击优化

在火力打击过程中,传统的打击方法难以实现多武器协同火力优化。通过利用武器-目标分配的优化模型处理火力打击任务时,目标的威胁度是基本参数。只有获得科学合理的目标威胁度,才能有效地分配打击资源,实现整个作战体系的火力打击的优化。

3.1.3 目标威胁评估的基本步骤

目标威胁评估通常包括四个基本内容:建立指标体系、指标量化、指标权重确定以及威胁评估方法,目标威胁评估的基本步骤如图 3-3 所示。

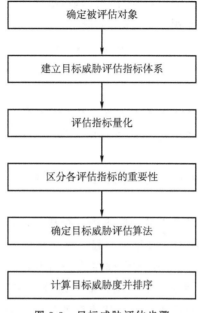

图 3-3 目标威胁评估步骤

3.2 目标战术分群及战术意图识别技术

在信息化条件下的地面联合作战中,装甲车辆普遍采用小规模战术群的编组方式进行协同战斗。装甲分队对搜索到的多个敌方目标进行分群处理,是进一步获取敌方作战意图,对敌方目标威胁度进行评估的前提。

3.2.1 目标战术分群技术

1. 分群原则

由于战术群中多目标之间存在着战术配合关系,目标位置特征必然在空间区域内具有一定的约束关系,目标速度特征之间也存在着某些相似性。以此为基础,可以从获取到的目标状态参数出发,构建战术分群特征空间,建立目标在战术分群特征空间上的相似性度量函数来衡量目标的群属特性。

每个战术群的多个目标必然会有一个核心,即该群的指挥节点。指挥节点与其他目标在战术群中的协同作用可以形象地描述为引力场中的具有不同质量物体之间的吸引作用,因此可以将引力的概念用于装甲分队级目标战术分群。在进行分群之前作如下约定:

(1) 战场空间内我方装甲分队会面对敌方多个具有一定战术价值的目标。

(2) 目标对其周边的其他目标会产生一定的牵制作用,这个牵制作用的范围是有限的。在目标周边有限的战场空间内,牵制作用明显,将该空间区域定义为战术分群场,将该牵制作用定义为战术分群作用力,简称为分群力。

从上述约定可以确定战场空间内装甲分队级目标战术分群原则:

(1) 对于某个战术群而言,必然存在一个目标对群内其他的目标的牵制作用很明显,即其产生的分群力最大。

(2) 处于战术群内的各目标之间会采用一定的战术协同动作,目标之间的联系紧密,表现出分群力较强。不同战术群之间的目标由于采用不同的战术,其联系必然松散,在分群力上就会较弱。

(3) 不属于任何战术群的目标属于单独目标,行动独立,受到的分群力必然较小。

2. 分群力

为了更加有效地对分群场与分群力的内涵进行描述,需要定义一个表征分群场的作用机理的函数,将分群场与分群力结合在一起。对于装甲分队级目标战术分群而言,由于分队级目标数量规模的限制,分队战术群在战场内占有的空间范围有限。因此,分群场的作用范围应该与分队级战术群的战场控制区域规模相适应。分群场产生的牵制作用即分群力的作用范围应该仅限于分队级战术群的战场区域内,超出该区域其作用力应显著减小。

借鉴二维几何中的图论思想,将二维平面内的 Voronoi 图概念扩展到战术分群特征空间中,采用改进的 Voronoi 图对战术分群特征空间进行划分,进而对目标战术群分群场的作用机制函数进行构建。

对于战场空间内的多个目标是否能划分为一个战术群,与目标之间的分群相似程度是密切相关的。在一个装甲分队战术群内部,多个目标之间采用既定的战术队形,运用多种行进方式、搜索目标手段、火力打击方法,密切协作完成一系列的战术任务。因此,同一战术群内的各个目标之间的某些特征必然存在相似度较高的特点。合理构建一个战术分群特征空间,是实现目标战术分群的首要任务。

在任意时刻,装甲分队搜索获取到 n 个战场目标,每个目标的状态向量可由目标编号、敌我属性、目标类型、三维位置坐标、三维速度分量、航向角、武器身管指向角以及火力覆盖范围等组成。在进行战术分群时,目标编号没有实际意义,直接选择敌方目标,因而敌我属性可以去除。战术群中通常包含多个类型的目标,因此目标类型指标与分群无直接联系,不予采用,类似的还有火力覆盖范围指标项,可以将与分群无关的指标项去除。由于同一战术群内的目标在空间范围内会保持相对稳定的态势,因此其位置坐标差处于一定范围内,速度平均值、航向角、武器身管指向之间具备很高的相似度,因此可以选择目标三维位置坐标、三维速度、航向角和武器身管指向等 8 个特征指标为目标分群特征向量,考虑到战术群内单目标的状态参数是一个离散时间序列上的函数,为了保证目标战术分群的稳定性,取一段时间内的参数平均值作为特征向量的取值,表示为

$$O_{i\ l}=[\bar{x}_i,\bar{y}_i,\bar{z}_i,\bar{V}_{ix},\bar{V}_{iy},\bar{V}_{iz},\bar{\alpha}_i,\bar{\beta}_i] \tag{3-1}$$

式中，x_i、y_i、z_i 为目标位置坐标，V_{ix}、V_{iy}、V_{iz} 为目标速度，α_i 为航向角，β_i 为武器身管指向。

对于有 n 个目标的某个战场空间目标集合 O，其对应的 Voronoi 空间表示为 O^V，其中任意目标 O_i 对应的特征 Voronoi 空间区域表示为 O_i^V，如果 O_i^V 和 O_j^V 有相邻的空间曲面，则 O_i^V 和 O_j^V 的关系可以描述为：两者相互作为对方的最近 Voronoi 空间域目标，目标 O_i 的 Delaunay 目标集合是由其全部最近 Voronoi 空间域目标组成的集合，记为 $\mathrm{NSD}(O_i)$。

在构建分群力时，遵循的一个重要原则是将目标的特征 Voronoi 空间区域看成是目标产生的牵制作用的适用范围，每个目标的牵制作用以自身位置为中心向外蔓延，直到与其他目标的牵制作用相遇。产生分群力的场强函数的作用机理必须与分队级战术群中的目标分布相一致。

在分队级战术群中，一个坦克排包含 3 辆主战坦克，配属若干辆步兵战车或装甲输送车；一个坦克连包含 10 辆主战坦克，配属若干辆步兵战车、装甲输送车等。以一个坦克排为例，编配 3 辆坦克，在作战中通常配属 1～2 辆步战车等作战装备，所以一个排级战术群的目标数为 3～5 个，每个目标的场强函数对其周边 3～5 个临近目标的作用较强，超过这些目标范围，场强函数迅速衰减。根据以上特点，可以表示出两个目标间的分群力为

$$F_Q(O_i, O_j) = k \frac{1}{d(O_i, O_j)^{2\sigma}} e_{O_i O_j} \tag{3-2}$$

式中，k 分群场辐射参数，$d(O_i, O_j)$ 为目标 O_i 和 O_j 的在特征空间内的欧式距离度量函数，σ 为场强变化参数，满足 $\sigma = \begin{cases} 1, O_j \in \mathrm{NSD}(O_i) \\ +\infty, O_j \notin \mathrm{NSD}(O_i) \end{cases}$，$e_{O_i O_j}$ 为目标 O_i 和 O_j 间的单位矢量。

不同类型目标的火力打击能力、战场机动能力、防护能力、信息对抗能力都不尽相同，对于某个执行既定战术任务的战术群中，目标的类型特征是影响目标分群场强的重要因素。分群场辐射参数 k 的选取需要与目标类型相适应。主战坦克在火力、机动、防护等性能上最为突出，一般承担装甲分队中最重要的前沿突击任务，是整个分队作战力量的核心，因此，主战坦克的辐射参数应取最大值。步兵战车的性能与作用相比主战坦克处于次要地位，其辐射参数取值应小于主战坦克，装甲输送车其次，担任火力支援的自行火炮其次，轻型车辆应取最小值。对于不同类型的装备辐射参数的选取，采用专家打分的方法，构建的目标类型与分群场辐射参数的关系如表 3-1 所示。

表 3-1 分群场辐射参数取值表

目标类型	主战坦克	步兵战车	装甲输送车	自行火炮	轻型车辆
k	1	0.8	0.5	0.4	0.2

目标 O_i 和 O_j 间的欧式距离度量，表示为如下形式：

$$d(O_i,O_j) = \sqrt{\left(\sum_{i=1}^{8}(O_{ili}-O_{jli})^2\right)} \tag{3-3}$$

3. 装甲分队级战术分群方法

根据假设，装甲分队级战术分群算法由以下两个基本步骤构成：

（1）对战场空间内的每一个目标，求取该目标的最近 Voronoi 空间域目标；

（2）选择对其他目标产生牵制力较大的目标，即产生的分群场力最大的目标，将其最近 Voronoi 空间域目标划分成一类，形成战术群。

在对装甲分队级目标进行战术分群过程中，由于目标之间相互作用的分群力是矢量，某个目标对其周边目标产生牵制作用时，也必然会受到其他目标方向相反的牵制作用，即会有一个反方向的分群力作用在该目标上。所有的反方向牵制作用在空间中必然形成一个组合作用力，该组合力指向的反方向上一般会出现目标，该目标可以认为是一个战术分群中心。通常选择作战能力强的敌方目标作为战术分群中心，作为战术分群算法的起始目标。

给定目标集 O，计算 O 中每个目标受到的分群力的合力，构成集合 $F(O)$，选择分群力合力最大的目标作为战术分群中心，记为 $\text{Core}(O)$，表示为

$$\text{Core}(O) = O_i, \sum \left| F_Q(O_i,O_j) \right| = \max(F(O)) \tag{3-4}$$

战术分群对象目标受分群中心的分群力需要大于 $\sum \left| F_Q(O_i,O_j) \right|/5$

目标战术分群算法的基本步骤如下：

（1）对目标集合中每个目标的最近 Voronoi 空间域目标进行统计；

（2）确定战术分群中心，将符合分群算法约束条件的目标归为一类，形成战术群。如果分群结束后若该分群中心没有同类其他目标，则将其确定为独立目标；

（3）目标集合中的所有目标都被成功划分到战术群中，或者被确定为独立目标，则战术分群结束，否则继续实施步骤（2）。

3.2.2 战术群作战意图识别技术

战术群作战意图识别是对敌方装甲分队战术群可能采取的作战行动进行预测，估计其可能采取的作战意图，是对其战场威胁度进行估计的前提与基础。如图3-4所示，对敌战术群作战意图进行识别的总体思路为：首先对敌方战术群可能采取的作战意图空间进行描述，构建作战意图特征空间，依据专家经验与知识构建特征向量样本分类决策树。通过收集装甲分队训练、演习数据获取作战意图特征向量样本库，将样本库中的样本输入决策树进行初步分类，将每个样本归属为作战意图空间中的某个子空间，对属于同一作战意图子空间的样本进行处理，求出表示该子空间的作战意图标准特征向量。然后，将实时获取到的战术群作战意图特征向量与标准特征向量进行比对，最终得出战术群对

应于每个作战意图子空间的识别概率。最后,实时获取的战术群作战意图特征向量可以经过样本分类决策树的分类,增添到样本库中。

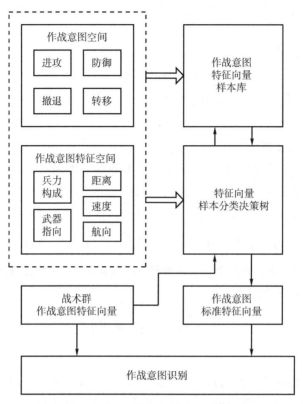

图 3-4　战术群作战意图识别框架

1. 作战意图空间描述

依据装甲分队作战原则与作战经验,敌方装甲分队战术群的作战意图主要有以下几种。

(1) 进攻

进攻是指敌战术群以主动方式采用持续追踪、冲击突破、火力打击等战术动作对我方战术要地进行占领,对我方重要目标进行摧毁,或者对我方兵力、兵器进行歼灭等战术行为。进攻意图表明了敌战术群采用进攻战术的意向或决心。

(2) 防御

防御是指敌战术群依托地形、地物对某战术要地或重要目标进行固守、防护,或者采用隐蔽、规避、机动等方式对其自身兵力、兵器进行防护以阻止我方对其进行歼灭的战术行为。防御意图表明了敌战术群实施防御战斗的意向。

(3) 撤退

撤退是指敌战术群为了保存实力或执行其他任务,采用机动方式脱离与我方兵力的接触,背离交战区域的战术行为。撤退意图表明了敌战术群希望从交战中撤出的意向。

(4) 转移

转移是指敌战术群在进攻、防御作战中改变原有作战意图,从某交战区域向另外一个区域进行机动的战术行为。转移与撤退最大的区别是敌战术群没有表现出要远离交战区域的意图。

依据上述作战意图,构建敌方战术群作战意图空间 W 为

$$W = W_1 \oplus W_2 \oplus W_3 \oplus W_4 \tag{3-5}$$

式中,$W_k(k=1,2,\cdots,4)$ 是作战意图空间 W 的一个子空间,W_1 表示进攻,W_2 表示防御,W_3 表示撤退,W_4 表示转移。

2. 作战意图相关要素

作战意图特征空间是指对敌装甲分队战术群作战意图进行描述的向量组成的一个空间。敌战术群的作战意图与其兵力构成、距离、速度、航向、武器指向等因素相关。在任意时刻 t,装甲分队对敌方目标进行分群,得到 m 个战术群,其状态向量可表示为

$$Qf_i = [E_i, \text{Dis}_i, \tilde{V}_i, \tilde{\alpha}_i, \tilde{\theta}_i] \quad i=1,2,3,\cdots,m \tag{3-6}$$

式中,E_i 为兵力构成,Dis_i 为距离,$\tilde{V}_i$ 为速度,$\tilde{\alpha}_i$ 为航向,$\tilde{\theta}_i$ 为武器指向。

构建作战意图特征空间为

$$Q = \left(E, \text{Dis}, \tilde{V}, \tilde{\alpha}, \tilde{\theta}\right) \tag{3-7}$$

(1) 兵力构成

战术群的兵力构成是指群内目标类型与目标数量的关系。不同兵力构成的战术群的作战能力是不同的,其能够完成的战术任务必然不同,因此兵力构成对作战意图的识别具有重要作用。

(2) 距离

距离特征是指敌战术群中心与我方战术群中心在坐标系下的空间距离,表征了敌战术群远离我方兵力的程度。

(3) 速度

速度特征是指敌战术群中心移动快慢的标志。速度对战术群的战术动作也具有一定的制约作用,因此在一定程度上可以反映出战术群的作战意图。

(4) 航向

航向特征是指敌战术群在某段时间内行进方向的表征。航向特征可以很清晰地表明敌方的作战意图。

(5) 武器指向

武器指向特征是指战术群内各目标的武器指向的一个加权综合值,表明了战术群火力打击的主要方向,对敌作战意图识别具有重要意义。

3. 特征向量样本分类决策树构建

决策树又称为分类树,是一种多级决策分类方法。决策树方法与使用全部特征向量

同时做出决策的方法不同,其在不同的层级上使用不同的特征子集,采用逐层推理的方式进行决策。决策树由节点和定向边组成,节点分为 3 种类型。

(1) 根节点

没有输入边的节点,位于决策树的顶部。根节点是整个决策过程的起点。

(2) 内部节点

既有输入边也有输出边的节点。内部节点处于决策树推理的中间过程。

(3) 叶节点

叶节点是指没有输出边的节点,处于决策树某条枝干的最末端,也称为终端节点。

每个非终端节点均与一个特征相关联,由节点输出的边代表该特征可能的取值。每个叶节点与一个待分类的类别标号相关联。

为了对获取到的战术群特征向量样本进行归类,采用决策树对其进行分类,将其归入所属的作战意图子空间,样本分类决策树由专家知识推理得出,如图 3-5 所示。

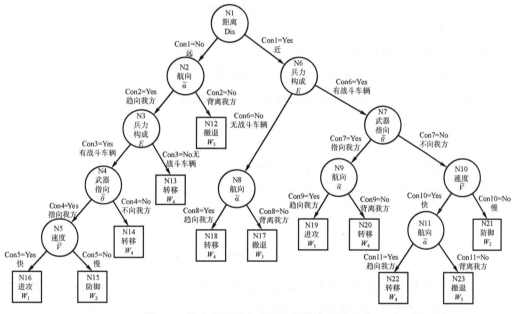

图 3-5 战术群特征向量样本分类决策树结构

战术群特征向量样本分类决策树共有 23 个节点,分别为 N1～N23。其中,根节点为 N1,内部节点为 N2～N11,叶节点为 N12～N23。

4. 作战意图标准特征向量获取及作战意图识别

通过对多个训练、演习期间获取的装甲分队战术训练数据进行分析,提取出 N 个特征向量作为样本。将获取到的 N 个战术群特征向量样本分别输入到样本分类决策树,由根节点 N1 开始,依次选取距离、航向、兵力构成、武器指向、速度等特征向量输入决策树,依据不同的判断条件,产生不同的判断决策走向,直到到达一个叶节点,该节点对应的作战意图子空间即为对该战术群的作战意图样本分类空间。

对于经过初步分类归属于作战意图子空间的特征向量样本,每个分量的取值都不尽相同,是属于某个范围内,需要从这些样本中找出规律,提取出一个标准向量来表示该作战意图子空间。对于作战意图标准特征向量中每个分量标准值取值,有如下规定:

(1) 如果样本中含有作战车辆的战术群数量大于不含作战车辆的战术群数量,兵力构成分量取值为1,否则取值为0;

(2) 距离标准向量的取值为区间数,表示为样本中最小距离和最大距离组成的区间;

(3) 速度标准向量的取值为区间数,表示为样本中最小速度和最大速度组成的区间;

(4) 航向标准向量的取值为区间数,表示为样本中最小航向角和最大航向角组成的区间;

(5) 武器指向标准向量为区间数,表示为样本中最小指向角和最大指向角组成的区间数。

在对战术群的作战意图进行识别时,用实时获取到的战术群特征向量与各作战意图子空间的标准向量进行比较,计算2个向量之间的相似度,则相似程度最高的作战意图子空间为敌方战术群最可能采取的作战意图。

5. 作战意图识别算法仿真

设我方分队指挥中心的坐标点为(500,−2 000,20),依据战术群中心与我方分队指挥中心之间的相对关系以及战术群运动特征参数,计算出战术群作战意图特征向量如表3-2所示。

表 3-2 战术群作战意图特征向量

目标集群	E	Dis	$\bar{V}$	$\bar{\alpha}$	$\bar{\theta}$
1	1	2 445	16.35	10.67	9.00
2	1	2 637	32.40	4.00	15.00
3	1	2 463	18.78	12.00	4.33

采用实装实验与计算机仿真相结合的方法获取战术群特征向量样本,经决策树分类后得到标准作战意图特征向量如表3-3所示。

表 3-3 标准作战意图特征向量

	E	Dis	$\bar{V}$	$\bar{\alpha}$	$\bar{\theta}$
进攻	1	(2 000,2 650)	(5,37)	(−15,15)	(−16,16)
防御	1	(3 700,4 600)	(0,5)	(−3,3)	(−5,5)
撤退	1	(3 100,3 300)	(33,45)	(−4,4)	(−10,10)
转移	1	(3 600,5 000)	(0,5)	(0,3)	(−4,4)

以标准作战意图特征向量的取值为基础,计算得出战术群作战意图概率如表3-4所示。

表 3-4 战术群作战意图概率值

战术群	概率			
	进攻	防御	撤退	转移
1	0.838 3	0.089 5	0.035 3	0.036 9
2	0.590 2	0.108 5	0.249 3	0.052 0
3	0.576 5	0.184 6	0.161 1	0.077 7

3.3 目标威胁评估指标体系

3.3.1 指标体系概念

评估指标体系是由若干个评估指标按照内在规律和逻辑结构排列组合而成的集合。

3.3.2 指标体系的建立方法

1. 指标体系的建立方法

建立起简洁实用的评估指标体系是一项非常困难的工作。理论上,指标数量越多,对事物描述得越细致全面,越能客观地呈现事物,但过多的指标难免会出现相互关联性,对评估工作造成困难。过少的指标又难以避免片面性,降低评估的可信度。针对陆战目标威胁评估问题,评估指标体系的共性指标和差异性指标可以通过专家咨询法得到,其工作流程如图 3-6 所示。

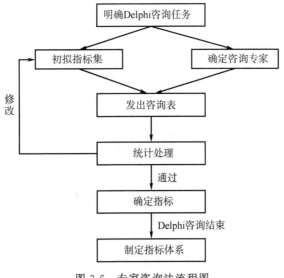

图 3-6 专家咨询法流程图

专家咨询法又称 Delphi 方法，其本质是系统分析方法在价值判断上的延伸，利用专家的经验和智慧，根据其掌握的各种信息和丰富经验，经过抽象、概括、综合、推理的思维过程，得出专家各自的见解，再经汇总分析得出指标体系。在使用该方法时，正确选用专家（包括专家数、专家的领域等）是该方法成功的关键。其主要过程是评价者根据评价目标及评价对象的特征，在所设计的调查表中列出一系列评价指标，分别征求专家的意见，最后进行统计分析，并反馈咨询结果，反复几轮后，若结果趋向集中，则最后确定评价指标体系。

2. 目标威胁评估主要指标

依据陆战分队目标的指标特征以及威胁评估的特点，将指标体系分为目标静态指标、目标动态指标以及环境指标三个方面，然后再细分建立的指标体系，不同的指标体系需要依据具体情况而定。根据实际情况，确定某种指标体系如图 3-7 所示。

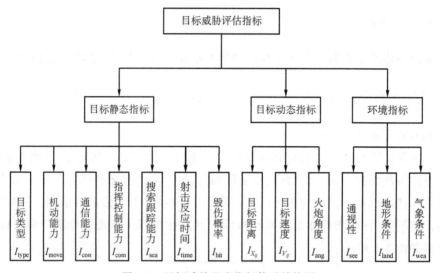

图 3-7 目标威胁程度指标体系结构图

3.3.3 指标体系量化

1. 指标量化方法

对陆战分队目标威胁评估指标进行量化表示，是各类信息系统借助于计算机实现目标威胁度自动或半自动评估与排序的基础。尽管目标威胁评估指标多种多样，但依据评估指标的表示特点，均可归为定性指标和定量指标两类。定性指标具有模糊性与不确定性，定量指标就是用精确数衡量指标的大小，其本身就已经是量化值，需要将其通过计算转换为威胁度值。

（1）定性指标语言量化法

目标威胁的定性指标具有模糊性与不确定性，决策者往往采用多级模糊评价语言对指标值进行描述，这符合决策者的决策心理与实际。

心理学家米勒(G. A. Miller)经过试验表明,在对不同的事物进行辨别时,普通人能够正确区分的等级在 5 级～9 级之间。为了有更准确的分辨率,可以使用 9 个量化级别。定性评价的语言通过一个量化标尺直接映射为定量的值,常用的量化标尺如表 3-5 所示。考虑使用方便,可以使用 0.1～0.9 之间的数作为量化分数,极端值 0 和 1 通常不用。

表 3-5 定性指标的量化标尺

等级	分数								
	0.1	0.2	0.3	0.4	0.5	0.6	0.7	0.8	0.9
9 等级	极小	很小	小	稍小	中等	稍大	大	较大	极大
7 等级	极小		很小		中等		大	较大	极大
5 等级	极小		小		中等		大		极大

(2) 定量指标规范化方法

目标威胁的定量指标是指用具体数值来刻画的指标。定量指标威胁度量化,就是将不同量纲、不同物理意义的定量指标数值转换为无量纲的威胁度值。

① 效益型:

$$a_{ij}=\frac{r_{ij}-\min\limits_{i}r_{ij}}{\max\limits_{i}r_{ij}-\min\limits_{i}r_{ij}} \quad (3-8)$$

② 成本型:

$$a_{ij}=\frac{\max\limits_{i}r_{ij}-r_{ij}}{\max\limits_{i}r_{ij}-\min\limits_{i}r_{ij}} \quad (3-9)$$

2. 目标威胁评估指标量化

(1) 静态指标量化

目标静态指标是目标固有特性,具有时不变特点。一代陆战装备从研制到投入使用,再到后期的改型升级,是一个漫长的过程,在某一特定的时间段内,目标和武器的作战性能,如机动特性、有效射程,可以看作"静止不变"的。因此,从性能角度考虑,目标具备一系列静态指标特征。

1) 目标类型

敌目标类型不同,其作战能力也就不同,对武器平台的威胁就有所不同。如通常情况下,地面武器平台所遇到的目标有武装直升机、坦克、步兵战车以及反坦克火箭筒等。根据实战经验知,其威胁度排序为:武装直升机、坦克、反坦克火箭筒、步兵战车,用模糊评价语言表示威胁度,如表 3-6 所示。

表 3-6 目标类型指标

目标类型	武装直升机	坦克	步兵战车	反坦克火箭筒
I_{type}	极大	大	中等	大
标度值	0.9	0.7	0.5	0.7

2）机动能力

在敌我双方灵活的战术运用中，目标机动是敌方达成自己的作战企图和破坏我装甲分队作战意图的重要手段。一般认为，目标的机动能力越强，则目标对我地面装备的威胁程度就越大，从而机动能力成为构成我地面装备威胁的一个方面。在参数不能获取的情况下，用模糊评价语言描述四种目标类型的机动能力，模糊评价语言如表 3-7 所示。

表 3-7 机动能力指标

目标	武装直升机	坦克	步兵战车	反坦克火箭筒
I_{move}	极大	大	稍大	较小
标度值	0.9	0.7	0.6	0.4

3）通信能力

通信能力是保证"联得上"的基础，是作战组织指挥、战场评估、决策信息传输的保证。因而通信能力越强的目标，认为其威胁越大；反之，则威胁度较小。各种类型装备的通信能力威胁度排序为：武装直升机、坦克、步兵战车、反坦克火箭筒，用模糊评价语言表示威胁度，如表 3-8 所示。

表 3-8 通信能力指标

目标	武装直升机	坦克	步兵战车	反坦克火箭筒
I_{com}	极大	大	大	较小
标度值	0.9	0.7	0.7	0.4

4）指挥控制能力

对于合成分队目标而言，具有较高指挥控制权的目标就比一般目标造成的威胁大，并且目标的指挥控制能力越强，目标的威胁度就越大，因为指挥控制能力强说明该目标处在分队指挥较高层次上。敌方指挥装备一般有：营指挥车、连指挥车、排指挥车以及一般装备，其指挥控制能力指标用语言描述如表 3-9 所示。

表 3-9 指挥控制能力指标

指挥装备	营指挥车	连指挥车	排指挥车	一般装备
I_{con}	大	稍大	稍小	很小
标度值	0.7	0.6	0.4	0.2

5）搜索跟踪能力

搜索跟踪是打击目标的前提，只有成功搜索跟踪目标才能对其进行射击。作战过程中，如果我方武器或人员已经被目标搜索到并跟踪，那么极有可能成为目标的下一个打击对象，此时目标的威胁度就比较大；如果我方没有被搜索并跟踪，目标也就不可能把我方作为打击对象,此时的目标威胁度比较小。在参数无法获取的情况下,用模糊评价语言描述四种目标,如表3-10所示。

表3-10 搜索跟踪能力指标

目标	武装直升机	坦克	步兵战车	反坦克火箭筒
I_{fine}	极大	较大	稍大	小
标度值	0.9	0.7	0.6	0.3

6)射击反应时间

射击反应时间,是指从射手在瞄准镜中发现目标到火炮击发所经历的时间,依据"先敌射击,力争首发命中"的作战原则,如果目标射击反应时间越短,越可能先于武器射击,那么目标的威胁度就越大,反之威胁度越小,目标威胁度与射击反应时间紧密相关。在参数无法获取的情况下,用模糊评价语言描述四种目标,如表3-11所示。

表3-11 射击反应时间指标

目标	武装直升机	坦克	步兵战车	反坦克火箭筒
I_{time}	大	较小	小	极大
标度值	0.7	0.4	0.3	0.9

7)毁伤概率

在作战中,当战场上出现多个目标对我方构成威胁时,作战目的就是要最大限度地毁伤敌目标,以减少对我方的威胁。目标对我方装备毁伤概率越大,我方装备被毁伤的可能性就越大,目标威胁度就越大。在参数无法获取的情况下,用模糊评价语言描述四种目标,如表3-12所示。

表3-12 毁伤概率指标

目标	武装直升机	坦克	步兵战车	反坦克火箭筒
I_{sho}	很大	大	稍大	稍小
标度值	0.8	0.7	0.6	0.4

(2)目标动态指标量化方法

目标动态指标是指随着时间变化和作战的推进而不断变化的指标,如目标距武器的距离等。动态指标往往更能反映目标的作战意图,其选取也更复杂。动态指标的另一个特点就是都为定量指标。如图3-8所示的是某简化的对抗态势图,α_{ij}表示目标速度方向与武器目标连线的夹角,θ_{ij}表示火炮身管方向与武器目标连线的夹角。

1)武器目标距离

合成分队作战展开时,武器与目标基本都在各自的有效射程之内,每个目标都会对

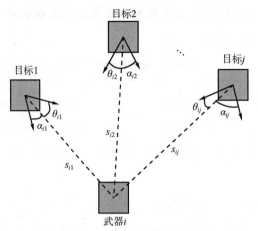

图 3-8 简化战场对抗态势

武器产生威胁。武器目标距离 S_{ij} 越小,敌方目标对我方的命中概率就越大,我方受到的威胁度越大。武器目标距离威胁指标可表示为

$$I_{\mathrm{dis}}=\begin{cases}0.5\left(1+\dfrac{r_j-s_{ij}}{r_j}\right),0\leqslant s_{ij}\leqslant 2r_j\\ 0,s_{ij}>2r_j\end{cases} \quad (3\text{-}10)$$

式中,r_j 为第 j 个目标的有效射程,S_{ij} 为第 i 个武器平台与第 j 个目标之间的距离。

2) 目标速度

武器目标连接线上速度分量 $v_j \cdot \cos \alpha_{ij}$ 反映的是目标趋近于武器的程度,这个分量越大说明该目标趋近武器程度越大,攻击意图更加明显,那么该目标的威胁程度就越大。目标速度可反映目标的攻击意图,是威胁评估指标重要组成部分。速度威胁指标可以表示为

$$I_{\mathrm{spe}}=\begin{cases}\dfrac{v_j \cdot \cos(\alpha_{ij})}{v_{j\max}},0°\leqslant \alpha_{ij}\leqslant 90°\\ 0,90°\leqslant \alpha_{ij}\leqslant 180°\end{cases} \quad (3\text{-}11)$$

式中,$v_{j\max}$ 表示第 j 个目标的最大行驶速度。

3) 火炮角度

θ_j 直接反映目标的瞄准对象,如果武器是目标的攻击对象,那么角度会比较小,对武器的威胁度非常大,火炮角度指标是评估指标体系重要组成部分,可表示为

$$I_{\mathrm{ang}}=\begin{cases}1-\dfrac{\theta_j}{90°},0°\leqslant \theta_j<90°\\ 0,90°\leqslant \theta_j\leqslant 180°\end{cases} \quad (3\text{-}12)$$

(3) 环境指标量化方法

陆地战场环境复杂多变,深刻影响分队作战指挥和战斗结果。因此,为保证合成分队威胁评估结果的有效性,就必须分析环境指标,以得到符合合成分队作战要求的评估结果。

1) 通视条件

通视条件是指目标观察系统能否观察到武器的一种性质,如果目标武器距离较近,且目标攻击能力较强,但是由于障碍物的遮挡而不能发现武器装备,那么目标的威胁程度可能会很大。通视条件指标可表示为

$$I_{\text{look}} = 1 - \frac{s_{\text{see}}}{s^0} \tag{3-13}$$

式中,s_{see} 表示武器平台没有被遮挡的面积,s^0 表示无遮挡条件下目标暴露的面积。

2) 地形条件

对于合成分队作战而言,地形条件影响着目标机动以及目标火力打击的及时有效。地形条件好,目标的机动更加灵活,火力打击快且准,与地形条件差的环境相比,此时的目标威胁度自然比较大,如表 3-13 所示。

表 3-13 地形条件指标

地形条件	非常好	较好	一般	较差	恶劣
I_{land}	1	0.8	0.6	0.3	0.1

3) 气象条件

气象条件复杂多变是陆地战场的主要特点之一,它主要影响目标的搜索跟踪以及射击命中概率。在气象条件良好情况下目标自然更容易发现我方武器平台,并且命中概率较大。但是如果在大雾条件下,由于战场能见度低,目标很难发现我方武器平台,即使发现也不能保证正常的命中概率。气象条件主要是影响战场能见度,那么可以将气象条件化为五个等级,如表 3-14 所示。

表 3-14 气象条件指标

战场能见度	非常好	较好	一般	较差	恶劣
I_{wea}	1	0.9	0.7	0.4	0.2

3.3.4 目标威胁评估指标赋权

1. 赋权条件及原则

指标权重是指每项指标对总目标实现的贡献程度,它是反映各项指标在整体价值中相对重要程度及所占比重大小的量化值。对于多属性的递阶层次性评估指标体系而言,指标权重是表征下层指标对于上层目标作用大小的度量。根据指标在指标体系中作用与地位的不同,主要有两个方面的差异:

① 决策者认为各指标影响目标威胁度的程度不同;

② 各指标在目标威胁评估中给决策者提供的信息量不同。

因此，在威胁评估中，根据指标两个方面的差异，将指标权重分为主观权重与客观权重。

一个指标体系的权重集$\{w_j | j=1,2,\cdots,n\}$，需要满足下面两个条件：

① $0 < w_j < 1 (j=1,2,\cdots,n)$；

② $\sum_{j=1}^{n} w_j = 1$。

指标赋权过程中需要遵守的原则为

(1) 指标体系优化原则

在指标赋权时，要从整体出发，综合考虑每个指标的权重。在指标赋权过程中就要遵守体系优化原则，把指标体系最优化作为赋权根本出发点和落脚点。根据这个原则，研究各自对目标威胁评估的作用和贡献，最后对重要程度作出定量判断。

(2) 主客观相结合原则

主观权重反映了决策者的偏好，当他们觉得某个指标很重要，就赋予该指标以较大的权重；客观权重需要基于一定准则，依据评估值矩阵进行指标赋权。

2. 赋权方法

(1) 主观赋权法

由专家给出指标偏好信息，再根据一定的算法准则得到指标权重。主观赋权法的优点是专家可以根据实际的评估问题和自身的知识经验，合理地确定各指标权重的排序，不会出现指标权重与实际重要程度相悖的情况，而这种情况在客观赋权法中则是可能出现的。其缺点是权重的确定是由专家根据自己的经验和对实际的判断主观给出的，因而具有很大的主观性，受到决策者知识和经验丰富程度影响较大，主观赋权法有专家咨询法、环比值法、层次分析法等，由于层次分析法在第 2 章已有所涉及，这里仅介绍专家咨询法和环比值法。

1) 专家咨询法

专家咨询法又称德尔菲法，是一种集中多位专家意见的专家咨询法，该方法是选取对评估内容熟悉的领域内多位专家，采取背靠背的形式征询要确定的内容，并用统计的方法分析处理，具体步骤如下：

① 组织 m 个专家，对 n 个指标的权重进行估计，得到权重估计值：$w_{i1},w_{i2},\cdots,w_{in}(i=1,2,\cdots,m)$。

② 计算专家给出的估计权重的平均值：

$$\bar{w}_j = \frac{1}{m}\sum_{i=1}^{m} w_{ij} (j=1,2,\cdots,n) \tag{3-14}$$

③ 计算估计值与平均值的偏差：

$$\Delta_{ij} = |w_{ij} - \bar{w}_j| (i=1,2,\cdots,m; j=1,2,\cdots,n) \tag{3-15}$$

④ 如果指标偏差 Δ_{ij} 较大，则对第 j 个指标权重估计值再请 k 个专家重新进行估计，经过几轮反复，直到偏差满足一定要求为止，最后得到一组指标权重的平均修正值。

2) 环比值法

环比值法又称为环比系数法，该方法是在缺少目标信息情况下的一种有效的赋权方法，处理过程比层次分析法简单，但精度要比层次分析法低。该方法的实质就是将指标任意排列，设定第一个指标重要性为1，再作出后一个指标与前一个指标重要性比值，最后累积得到各指标的权重，其基本步骤如下：

① 把 n 个指标任意排列；

② 作出相邻指标的重要性比值 A_{j+1}，A_{j+1} 等于第 $j+1$ 个指标的重要性/第 j 个指标的重要性，且设定 $A_1=1$；

③ 以第一个指标重要性为基准，按照式(3-16)计算每个指标的重要性；

$$R_j = \prod_{i=1}^{j} A_i, R_1 = 1 \tag{3-16}$$

④ 以下式求解各指标权值。

$$w_j = \frac{R_j}{\sum_{i=1}^{n} R_j} \tag{3-17}$$

环比值指标赋权法求解步骤简单，需要的专家偏好信息小，其应用比较广泛。但是，由于其只作出相邻指标间的重要度比率，因而不能反映一个指标与其他所有指标的重要度比率。

(2) 客观赋权法

客观赋权法，主要是依据指标之间的联系程度以及各指标提供信息量的大小，对指标的重要程度进行度量，典型的有信息熵法和离差函数最大化法。其优点是客观性强，不依赖于决策者偏好信息；缺点是没有考虑决策者的主观意向，确定的权重可能与实际情况不一致，导致最重要指标的权重不一定最大，而最不重要的指标权重却较大。为方便分析，先建立目标威胁指标矩阵。设作战区域中有 m 个敌目标，每个目标有 n 个特征指标，则目标集合为 $A=\{A_1,A_2,\cdots,A_m\}$，指标集合为 $I=\{I_1,I_2,\cdots,I_n\}$。第 i 个目标 A_i 在第 j 个指标 I_j 下的衡量值为 $a_{ij}(i=1,2,\cdots,j;m=1,2,\cdots,n)$，则建立目标指标值矩阵：

$$\boldsymbol{A} = \begin{bmatrix} a_{11} & a_{12} & \cdots & a_{1n} \\ a_{21} & a_{22} & \cdots & a_{2n} \\ \vdots & \vdots & & \vdots \\ a_{m1} & a_{m2} & \cdots & a_{mn} \end{bmatrix} \tag{3-18}$$

信息熵赋权法是以信息论中对熵的定义为基础，计算各指标的熵值来确定指标权重的赋权法。对于 m 个目标有 n 个指标而言，其具体步骤如下：

① 将目标指标矩阵 A 中的 a_{ij} 规范化为 $R=(r_{ij})_{mn}$。

② 对 $R=(r_{ij})_{mn}$ 进行归一化，得到归一化矩阵 $\dot{\boldsymbol{R}}=(\dot{r}_{ij})_{mn}$，其中 $\dot{r}_{ij}$ 如式(3-19)所示：

$$\dot{r}_{ij}=\frac{r_{ij}}{\sum_{i=1}^{m}r_{ij}}(i=1,2,\cdots,m;j=1,2,\cdots,n) \tag{3-19}$$

③ 计算指标 I_j 的信息熵 E_j

$$E_j=-\frac{1}{\ln m}\sum_{i=1}^{m}\dot{r}_{ij}\ln\dot{r}_{ij}(j=1,2,\cdots,n) \tag{3-20}$$

④ 依据式(3-21)计算指标权重

$$w_j=\frac{1-E_j}{\sum_{k=1}^{n}(1-E_k)}(j=1,2,\cdots,n) \tag{3-21}$$

信息熵法是依据各指标在威胁评估中提供信息量的多少来给出指标权重,一个指标在评估中提供的信息越多,该指标对评估的贡献量越大,其赋予的权重就会越大,但其具有随机性,目标指标值改变会导致得到的权重改变。

(3) 组合赋权法

简单线性加权法,即选用一种主观赋权法和一种客观赋权法进行线性融合,如式(3-22)所示,得到的指标组合权重 $W=(w_1,w_2,\cdots,w_n)$,即可作为目标各个指标的组合权重。

$$w_j=\alpha\varepsilon_j+\beta\mu_j \tag{3-22}$$

式中,α 为主观权重影响因子,β 为客观权重影响因子,且满足 $\alpha+\beta=1$,其确定的准则:专家的战场经验越丰富则 α 越大,战场信息的完整度与可信度越大则 β 越大。简单线性加权法不仅考虑了主观因素,而且引入了客观因素,能够比较全面客观地反映各指标实际相对重要程度。

3.3.5 目标威胁评估方法

1. 目标威胁评估实现步骤

目标威胁评估通常都要遵循以下步骤:

(1) 建立威胁评估矩阵。威胁评估矩阵通常是在确定指标体系、完成指标威胁量化后得到的评估基础数据。根据每个目标的属性数值建立威胁评估矩阵如下:

$$\boldsymbol{X}=\begin{bmatrix} x_{11} & x_{12} & \cdots & x_{1n} \\ x_{21} & x_{22} & \cdots & x_{2n} \\ \vdots & \vdots & & \vdots \\ x_{m1} & x_{m2} & \cdots & x_{mn} \end{bmatrix} \tag{3-23}$$

式中,x_{ij} 是第 i 个目标的第 j 个属性指标值。

得到威胁评估矩阵后,可以将不同场景、不同目标的威胁评估问题转化为通用的评估问题,大大拓展了目标威胁评估的处理渠道。

(2) 确定威胁评估矩阵。威胁评估矩阵是通过对威胁指标数据量化矩阵进行标准化之后得到。标准化主要是解决类型一致性问题以及归一化问题。以实数指标类型描述为例,效益型、成本型和折中型3种指标的标准化如下：

① 效益型指标。效益型指标是指目标的指标值越大,其威胁度越大,按照如下方式进行处理：

$$z_{ij} = \frac{x_{ij} - \min\limits_{i} x_{ij}}{\max\limits_{i} x_{ij} - \min\limits_{i} x_{ij}} \tag{3-24}$$

② 成本型指标。成本型指标是指目标的指标值越小,其威胁度越大,按照如下方式进行处理：

$$z_{ij} = \frac{\max\limits_{i} x_{ij} - x_{ij}}{\max\limits_{i} x_{ij} - \min\limits_{i} x_{ij}} \tag{3-25}$$

通过标准化处理,则可以得到目标威胁评估矩阵：

$$\mathbf{Z} = \begin{bmatrix} z_{11} & z_{12} & \cdots & z_{1n} \\ z_{21} & z_{22} & \cdots & z_{2n} \\ \vdots & \vdots & & \vdots \\ z_{m1} & z_{m2} & \cdots & z_{mn} \end{bmatrix} \tag{3-26}$$

(3) 指标赋权。即计算各指标所占的权重。

(4) 目标威胁度评估。即计算目标的威胁度并排序。

2. 目标威胁评估算法

(1) 线性加权和法

线性加权和法是在现有评估计算方法中最易理解、最易掌握,也是最常用的方法之一。其实质是赋予每个指标权重后,对每个方案求各个指标的加权和。

$$y_i = \sum_{j=1}^{n} w_j z_{ij} \tag{3-27}$$

式中,y_i 为评估目标威胁度的加权综合估计值,z_{ij} 为第 i 个目标的第 j 个属性指标归一化的值,w_j 为第 j 个属性指标的权重。

将 y_i 按由大至小的顺序排列,即可得到多目标的威胁度排序。

当该方法用于方案优选时,优选准则为

$$y^* = \max\limits_{i} y_i \tag{3-28}$$

y^* 为对应的最优方案。

(2) 理想点法(TOPSIS法)

理想点法是方案评估中常用的一种方法,其思想就是优选的方案应是与理想方案距离最近,与最差方案距离最远。以理想化的最优、最劣(负最优)基点来权衡其他可行方案。这里,将该方法应用于多目标的威胁评估与排序中。

设作战区域中有 m 个敌目标,每个目标有 n 个特征指标,等同于 n 维空间有 m 个点。借助评估问题中理想目标和负理想目标的思想,所谓理想目标就是设想的威胁度最大目标,它的特点是各个指标值都达到所有目标在各个指标下的最大值,负理想目标就是设想的威胁度最小的目标,它的特点是各个指标都达到所有目标在各个指标下的最小值。通过比较目标到理想目标和负理想目标距离的贴近度对目标进行评估排序,威胁度最大的目标满足离理想目标近,离负理想目标远。

TOPSIS 评估算法核心思想是求解评估目标与正负理想目标距离的贴近度,依据贴近度完成目标群评估。具体步骤如下:

① 构造正负理想目标,对于一个评估问题,假设指标权重 $W=\left(w_1,w_2,\cdots,w_n\right)^{\mathrm{T}}$ 为已知,将归一化规范矩阵 $\dot{R}$ 进行加权,得到加权标准化矩阵 V。

$$V = \begin{bmatrix} w_1\dot{r}_{11} & w_2\dot{r}_{12} & \cdots & w_n\dot{r}_{1n} \\ w_1\dot{r}_{21} & w_2\dot{r}_{22} & \cdots & w_n\dot{r}_{2n} \\ \vdots & \vdots & \cdots & \vdots \\ w_1\dot{r}_{m1} & w_2\dot{r}_{m2} & \cdots & w_n\dot{r}_{mn} \end{bmatrix} \tag{3-29}$$

取各指标加权的最大值构成理想点:

$$V^+ = \{V_1^+, V_2^+, \cdots, V_n^+\}, \text{其中 } V_j^+ = \max_i(w_j z_{ij}) \tag{3-30}$$

取各指标加权的最小值构成负理想点:

$$V^- = \{V_1^-, V_2^-, \cdots, V_n^-\}, \text{其中 } V_j^- = \min_i(w_j z_{ij}) \tag{3-31}$$

② 计算各目标到正负理想目标的加权距离:

$$D_i^+ = D(V_i, V^+) = \sqrt{\sum_{j=1}^n (w_j z_{ij} - V_j^+)^2} \tag{3-32}$$

$$D_i^- = D(V_i, V^-) = \sqrt{\sum_{j=1}^n (w_j z_{ij} - V_j^-)^2} \tag{3-33}$$

③ 依据式(3-34)计算贴近度 R_i,R_i 值越大,目标的威胁度越大。

$$R_i = \frac{D_i^-}{D_i^- + D_i^+} \tag{3-34}$$

TOPSIS 法简单且容易理解,且几何意义明确,但不同的距离测度会得到不同排序结果。

3.4 陆战目标威胁评估实例分析

3.4.1 战术背景

设某一时刻我方坦克以 60 km/h 的速度朝正东方向进行歼敌任务,其火力打击方向与运动方向保持一致,最大有效打击距离为 4 000 m,并通过目标战术分群和战术意图识别感知到以坦克为进攻目标的战术群 1 个,具体兵力为:3 辆主战坦克,1 辆步兵战车,单兵配备反坦克火箭筒,并配属武装直升机进行反坦克作战。具体战场态势如图 3-9 所示,箭头方向为火力打击方向。

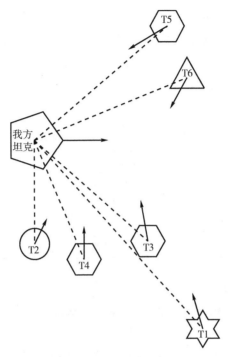

图 3-9　战场态势图

目标 T1 为敌武装直升机,位于我方坦克运动方向右前方 50°,其最大有效打击距离为 10 km,距离我方坦克 5 000 m,速度标量为 80 km/h,其武器平台打击方向与我方坦克连线夹角为 20°;

目标 T2 为敌单兵,配备反坦克火箭筒,位于我方坦克运动方向右前方 90°,其最大有效打击距离为 2 500 m,距离我方坦克 2 000 m,速度标量为 10 km/h,其武器平台打击方向与我方坦克连线夹角为 30°;

目标 T3~T5 为敌坦克,最大有效打击距离为 3 500 m,T3 位于我方坦克运动方向右前方 30°,距离我方坦克 3 000 m,速度标量为 60 km/h,其武器平台打击方向与我方坦克连线夹角为 50°,T4 为位于我方坦克运动方向右前方 70°,距离我方坦克 2 500 m,速度标量为 65 km/h,其武器平台打击方向与我方坦克连线夹角为 40°,T5 位于我方坦克运动方向左前方 40°,距离我方坦克 3 200 m,速度标量为 50 km/h,其武器平台打击方向与我方坦克连线夹角为 10°。

目标 T6 为敌步兵战车,位于我方坦克运动方向左前方 30°,其最大有效打击距离为 3 000 m,距离我方坦克 2 500 m,速度标量为 65 km/h,其武器平台打击方向与我方坦克连线夹角为 20°。

3.4.2 目标威胁指标体系

1. 威胁目标分析

坦克一般用于打击敌方的地面作战力量，作战目标类型较多，受威胁的目标种类同样也较多，并且随着现在作战样式的改变，极容易受到敌方空中作战力量的打击。综合分析目标的种类，目标主要是以打击、干扰或者引导的方式对我方坦克进行毁伤。针对毁伤能力较强的武器进行威胁评估，选取 4 种具有代表性的威胁目标进行了说明，具体说明如表 3-15 所示。

表 3-15 主要威胁目标及特征

威胁目标	主要武器	特征
武装直升机	反坦克导弹	坦克的致命武器
坦克	主炮、机枪	地面战场主要进攻力量
步兵战车	机枪、小口径火炮	地面战场协同作战力量
单兵	步枪、火箭筒	地面战场主要执行力量

2. 目标威胁因素选取

在符合战场环境态势感知实时性和准确性的基础上，综合考虑坦克作战的实际情况，选取了目标类型、目标机动能力、目标打击能力、目标搜索能力、目标距离、目标速度、目标攻击角度 7 个指标来构建坦克战场目标威胁评估指标体系，并按照指标的类型将 7 个指标划分成静态威胁指标和动态威胁指标两大部分。

静态威胁指标是指影响目标本身作战能力的指标，在目标状态完好的情况下目标特性不会随着时间的变化而发生变化，包括目标类型、目标机动能力、目标打击能力和目标搜索能力，分别用 $f_1 \sim f_4$ 表示。动态威胁指标是指影响作战态势变化的指标，即与敌方目标之间随时间变化的相对位置关系，这些指标随时间的变化而变化，主要包括目标距离、目标速度和目标攻击角度，分别用 $f_5 \sim f_7$ 表示。目标威胁评估指标体系如表 3-16 所示。

表 3-16 目标威胁评估指标体系

指标	目标类型	目标机动能力	目标打击能力	目标搜索能力	目标距离	目标速度	目标攻击角度
编号	f1	f2	f3	f4	f5	f6	f7

3. 指标的量化

（1）静态目标指标量化

静态威胁指标采用模糊评价语言的方式对其进行定性处理，采用指标标度法将目标静态威胁指标划分为 9 级，分别是极大、很大、大、稍大、中等、稍小、小、很小、极小，并通过量化标尺量化法将定性判断的模糊评价语言值直接映射为定量的数值，具体的量化标尺应值如表 3-17 所示，f1 至 f4 量化值分别如表 3-18 至表 3-21 所示。

第3章 目标威胁评估技术

表3-17 量化标尺对应值表

等级	极大	很大	大	稍大	中等	稍小	小	很小	极小
标度值	1	0.9	0.8	0.6	0.5	0.4	0.2	0.1	0

表3-18 f1指标量化表

威胁度	T1	T2	T3	T4	T5	T6
模糊评价值	极大	小	大	大	大	中等
量化值	1	0.2	0.8	0.8	0.8	0.5

表3-19 f2指标量化表

威胁度	T1	T2	T3	T4	T5	T6
模糊评价值	极大	小	大	大	大	稍大
量化值	1	0.2	0.8	0.8	0.8	0.6

表3-20 f3指标量化表

威胁度	T1	T2	T3	T4	T5	T6
模糊评价值	极大	小	大	大	大	小
量化值	1	0.2	0.8	0.8	0.8	0.2

表3-21 f4指标量化表

威胁度	T1	T2	T3	T4	T5	T6
模糊评价值	很大	小	大	大	大	中等
量化值	0.9	0.2	0.8	0.8	0.8	0.5

(2) 动态目标指标量化

1) 目标距离威胁指标

目标距离是反映我方坦克与敌方目标之间相对位置关系的一个重要参数,目标距离威胁度主要与双方所使用武器的最大有效打击能力有关,威胁度可表示为

$$I_{\mathrm{dis}} = \begin{cases} 0.5\left(1 + \dfrac{r_j - s_{ij}}{r_j}\right), 0 \leqslant s_{ij} \leqslant 2r_j \\ 0, s_{ij} > 2r_j \end{cases} \quad (3\text{-}35)$$

式中,r_j 为第 j 个目标的有效射程,s_{ij} 为第 i 个武器平台与第 j 个目标之间的距离。战场目标距离威胁指标 f5 的量化值如表3-22所示。

表3-22 f5指标量化表

威胁度	T1	T2	T3	T4	T5	T6
有效射程 m	10 000	2 500	3 500	3 500	3 500	3 000
距离 m	5 000	2 000	3 000	2 500	3 200	2 500
威胁度值	0.75	0.6	0.57	0.64	0.54	0.58

2) 目标速度威胁指标

目标速度威胁指标反映了目标运动状态的威胁程度,由于运动状态与作战意图有较大的关联,目标运动得越快,其位置和所处的环境变化也越快,我方坦克实施瞄准跟踪和打击的难度越大,对我方的威胁程度越大。因此,主要考虑速度标量比值的大小,其指标的处理按式(3-36)进行计算:

$$I_{\text{spe}} = \begin{cases} 0.1, v_i < 0.6v_a \\ -0.35 + 0.75v_i/v_a, 0.6v_a \leqslant v_i \leqslant 1.8v_a \\ 1, v_i \leqslant 1.8v_a \end{cases} \quad (3-36)$$

式中,v_i 表示第 i 个目标的速度标量,v_a 为我方速度。战场目标速度威胁指标 f6 的量化值如表 3-23 所示。

表 3-23　f6 指标量化表

威胁度	T1	T2	T3	T4	T5	T6
敌方速度	80	10	60	65	50	65
我方速度	60	60	60	60	60	60
威胁度值	0.65	0.1	0.4	0.46	0.28	0.46

3) 目标攻击角度威胁指标

θ_j 直接反映目标的瞄准对象,如果武器是目标的攻击对象,那么角度会比较小,对武器的威胁度非常大,火炮角度指标是评估指标体系重要组成部分,可表示为

$$I_{\text{ang}} = \begin{cases} 1 - \dfrac{\theta_j}{90°}, 0° \leqslant \theta_j < 90° \\ 0, 90° \leqslant \theta_j \leqslant 180° \end{cases} \quad (3-37)$$

战场目标攻击角度威胁指标 f7 的量化值如表 3-24 所示。

表 3-24　f7 指标量化表

威胁度	T1	T2	T3	T4	T5	T6
攻击角度	20	30	50	40	10	20
威胁度值	0.78	0.67	0.44	0.56	0.89	0.78

4. 建立威胁度矩阵

依据上述不同目标的静态和动态指标量化值,获得威胁评估值如表 3-25 所示,建立威胁评估矩阵为 **X**。

表 3-25　威胁评估矩阵

威胁度	威胁指标						
	f1	f2	f3	f4	f5	f6	f7
T1	1	1	1	0.9	0.75	0.65	0.78
T2	0.2	0.2	0.2	0.2	0.6	0.1	0.67
T3	0.8	0.8	0.8	0.8	0.57	0.4	0.44

续表

威胁度	威胁指标						
	f1	f2	f3	f4	f5	f6	f7
T4	0.8	0.8	0.8	0.8	0.64	0.46	0.56
T5	0.8	0.8	0.8	0.8	0.54	0.28	0.89
T6	0.5	0.6	0.2	0.5	0.58	0.46	0.78

$$\boldsymbol{X} = \begin{bmatrix} 1 & 1 & 1 & 0.9 & 0.75 & 0.65 & 0.78 \\ 0.2 & 0.2 & 0.2 & 0.2 & 0.6 & 0.1 & 0.67 \\ 0.8 & 0.8 & 0.8 & 0.8 & 0.57 & 0.4 & 0.44 \\ 0.8 & 0.8 & 0.8 & 0.8 & 0.64 & 0.46 & 0.56 \\ 0.8 & 0.8 & 0.8 & 0.8 & 0.54 & 0.28 & 0.89 \\ 0.5 & 0.6 & 0.2 & 0.5 & 0.58 & 0.46 & 0.78 \end{bmatrix} \tag{3-38}$$

利用 $b_{ij} = \dfrac{x_{ij} - \min\limits_{i} x_{ij}}{\max\limits_{i} x_{ij} - \min\limits_{i} x_{ij}}$ 将威胁评估矩阵进行标准化处理,得到:

$$\boldsymbol{B} = \begin{bmatrix} 1 & 1 & 1 & 1 & 1 & 1 & 0.75 \\ 0 & 0 & 0 & 0 & 0.28 & 0 & 0.5 \\ 0.75 & 0.75 & 0.75 & 0.86 & 0.14 & 0.55 & 0 \\ 0.75 & 0.75 & 0.75 & 0.86 & 0.48 & 0.66 & 0.25 \\ 0.75 & 0.75 & 0.75 & 0.86 & 0 & 0.32 & 1 \\ 0.38 & 0.5 & 0 & 0.43 & 0.2 & 0.66 & 0.75 \end{bmatrix} \tag{3-39}$$

3.4.3 陆战目标威胁指标赋权

坦克战场环境中每个指标对多目标威胁评估的影响程度是不同的,应当考虑不同指标的权重,指标权重的大小也直接反映了各指标相对评价结果的重要性。为更加正确地确定各指标的权重,兼顾威胁指标的客观属性和主观属性,采用层次分析法的主观赋权法和信息熵法的客观赋权法,并通过线性加权组合赋权的方法确定各指标的权重。

1. 层次分析法计算主观权重

通过对指标重要程度的两两对比,由专家打分得到 7 个指标 f1~f7 的重要程度判断矩阵 A:

$$\boldsymbol{A} = \begin{bmatrix} 1 & 6 & 5 & 7 & 1 & 3 & 2 \\ 1/6 & 1 & 1/3 & 1/2 & 1/7 & 1/2 & 1/5 \\ 1/5 & 3 & 1 & 2 & 1/5 & 1/2 & 1 \\ 1/7 & 2 & 1/2 & 1 & 1/5 & 1/3 & 1/5 \\ 1 & 7 & 5 & 5 & 1 & 3 & 3 \\ 1/3 & 2 & 2 & 3 & 1/3 & 1 & 1/2 \\ 1/2 & 5 & 1 & 5 & 1/3 & 2 & 1 \end{bmatrix} \tag{3-40}$$

判断矩阵中元素的数值越大说明指标 i 比 j 越重要,当指标 i 不如指标 j 重要时,用 $1\sim9$ 的倒数表示。

利用方根法求解权重,计算步骤如下:

① 计算判断矩阵 A 的每一行元素的乘积:

$$M_i = \prod_{j=1}^{n} a_{ij} \tag{3-41}$$

$$\boldsymbol{M} = \begin{pmatrix} 1\,260 & 0.000\,4 & 0.12 & 0.001\,9 & 1\,575 & 0.67 & 8.3 \end{pmatrix}^{\mathrm{T}}$$

② 计算 M_i 的 n 次方根:

$$\overline{w}_i = (M_i)^{\frac{1}{n}}, i=1,2,\cdots,n \tag{3-42}$$

$$\overline{\boldsymbol{w}} = \begin{pmatrix} 2.772 & 0.327 & 0.739 & 0.409 & 2.863 & 0.944 & 1.354 \end{pmatrix}^{\mathrm{T}}$$

③ 对 $\overline{w}_i$ 进行归一化处理,即

$$w_i = \frac{\overline{w}_i}{\left(\sum_{i=1}^{n} \overline{w}_i\right)}, i=1,2,\cdots,n \tag{3-43}$$

可得主观权重为

$$\boldsymbol{\alpha} = \begin{pmatrix} w_1 & w_2 & \cdots & w_7 \end{pmatrix} = \begin{pmatrix} 0.295 & 0.035 & 0.079 & 0.043 & 0.304 & 0.100 & 0.144 \end{pmatrix}^{\mathrm{T}}$$

④ 一致性检验

计算判断矩阵 A 的最大特征值 $\lambda_{\max}$

$$\lambda_{\max} = \sum_{i=1}^{n} \frac{(A\alpha)_i}{nw_i} = 7.283 \tag{3-44}$$

式中,$(A\alpha)_i$ 是 $A\alpha$ 中的第 i 个元素。

一致性检验的算法为

$$\mathrm{CI} = \frac{\lambda_{\max} - n}{n-1} = 0.047 \tag{3-45}$$

式中,n 是矩阵的维数,实际为同一矩阵指标的个数;$\lambda_{\max}$ 为矩阵的最大特征值。CI 越接近于零,A 越满足检验要求。

当矩阵维数较大时,一致性指标需要加以修正,修正算子如下:

$$\mathrm{CR} = \frac{\mathrm{CI}}{\mathrm{RI}} = 0.035 \tag{3-46}$$

RI 为平均随机一致性指标,当 CR<0.1 时,评估矩阵一致性符合要求。

2. 信息熵法计算客观权重

信息熵法是以信息论中对熵的定义为基础,计算各指标的熵值来确定指标权重的赋权法,具体步骤如下:

(1)对规范化矩阵 $\boldsymbol{B}$ 进行归一化,得到归一化矩阵 $\dot{\boldsymbol{B}}$,其中 $\dot{b}_{ij}$ 如式(3-47)所示:

$$\dot{b}_{ij} = \frac{b_{ij}}{\sum_{i=1}^{m} b_{ij}} (i=1,2,\cdots,m;j=1,2,\cdots,n) \tag{3-47}$$

$$\dot{\boldsymbol{B}} = \begin{bmatrix} 0.28 & 0.27 & 0.31 & 0.25 & 0.48 & 0.31 & 0.23 \\ 0 & 0 & 0 & 0 & 0.13 & 0 & 0.15 \\ 0.21 & 0.2 & 0.23 & 0.21 & 0.07 & 0.17 & 0 \\ 0.21 & 0.2 & 0.23 & 0.21 & 0.23 & 0.21 & 0.08 \\ 0.21 & 0.2 & 0.23 & 0.21 & 0 & 0.1 & 0.31 \\ 0.1 & 0.13 & 0 & 0.11 & 0.09 & 0.21 & 0.23 \end{bmatrix} \tag{3-48}$$

(2)计算第 j 个指标的信息熵 E_j

$$E_j = -\frac{1}{\ln m} \sum_{i=1}^{m} \dot{b}_{ij} \ln \dot{b}_{ij} (j=1,2,\cdots,n) \text{ 当 } \dot{b}_{ij}=0 \text{ 时}, \ln \dot{b}_{ij} = 0 \tag{3-49}$$

$$\boldsymbol{E} = \begin{pmatrix} 0.88 & 0.89 & 0.77 & 0.88 & 0.76 & 0.86 & 0.85 \end{pmatrix}^{\mathrm{T}}$$

(3)依据式(3-50)计算指标权重

$$w_j = \frac{1-E_j}{\sum_{k=1}^{n}(1-E_k)} (j=1,2,\cdots,n) \tag{3-50}$$

可得客观权重为

$$\boldsymbol{\beta} = \begin{pmatrix} w_1 & w_2 & \cdots & w_7 \end{pmatrix} = \begin{pmatrix} 0.11 & 0.1 & 0.21 & 0.11 & 0.22 & 0.12 & 0.13 \end{pmatrix}^{\mathrm{T}}。$$

3. 组合赋权法计算组合权重

为了让权重的结果更加科学,既兼顾到评估专家对指标的偏好,又力争减少赋权的主观随意性,减小权重的总偏差量,采用线性加权的组合赋权法对权重进行加权处理,能较准确地体现指标的重要程度,线性加权公式表示为

$$\boldsymbol{\omega} = a\boldsymbol{\alpha} + b\boldsymbol{\beta} \tag{3-51}$$

式中,a 为主观权重的影响因子,b 为客观权重的影响因子,满足 $a+b=1$。当 $a=0.5$,$b=0.5$ 时,组合权重为

$$\boldsymbol{\omega} = \begin{pmatrix} 0.20 & 0.07 & 0.14 & 0.08 & 0.26 & 0.11 & 0.14 \end{pmatrix}^{\mathrm{T}}$$

3.4.4 基于TOPSIS法的陆战目标威胁评估排序

(1)将归一化规范矩阵 $\dot{\boldsymbol{B}}$ 进行加权,得到加权标准化矩阵 $\boldsymbol{V}(a=0.5,b=0.5)$:

$$V = \begin{bmatrix} \omega_1 \dot{b}_{11} & \omega_2 \dot{b}_{12} & \cdots & \omega_n \dot{b}_{1n} \\ \omega_1 \dot{b}_{21} & \omega_2 \dot{b}_{22} & \cdots & \omega_n \dot{b}_{2n} \\ \vdots & \vdots & & \vdots \\ \omega_1 \dot{b}_{m1} & \omega_2 \dot{b}_{m2} & \cdots & \omega_n \dot{b}_{mn} \end{bmatrix} \quad (3\text{-}52)$$

$$V = \begin{bmatrix} 0.056 & 0.018 & 0.044 & 0.019 & 0.124 & 0.035 & 0.032 \\ 0 & 0 & 0 & 0 & 0.034 & 0 & 0.021 \\ 0.042 & 0.014 & 0.033 & 0.016 & 0.017 & 0.019 & 0 \\ 0.042 & 0.014 & 0.033 & 0.016 & 0.06 & 0.023 & 0.011 \\ 0.042 & 0.014 & 0.033 & 0.016 & 0 & 0.011 & 0.043 \\ 0.021 & 0.009 & 0 & 0.008 & 0.024 & 0.023 & 0.032 \end{bmatrix} \quad (3\text{-}53)$$

(2) 求解正负理想解。正理想解是指每个指标都达到该指标下不同目标威胁最大的解,负理想解反之。由于威胁评估矩阵已经对指标进行量化,所以不区分指标的类型,正理想解取指标的最大值,负理想解取指标的最小值,即

$$V^+ = \{v_1^+, v_2^+, \cdots, v_n^+\} = \begin{pmatrix} 0.056 & 0.018 & 0.044 & 0.019 & 0.124 & 0.035 & 0.043 \end{pmatrix}$$

式中,$v_j^+ = \max_i (v_{ij})$。

取各指标加权的最小值构成负理想点: $V^- = \{v_1^-, v_2^-, \cdots, v_n^-\} = \begin{pmatrix} 0 & 0 & 0 & 0 & 0 & 0 & 0 \end{pmatrix}$,其中 $v_j^- = \min_i (v_{ij})$。

(3) 计算各目标到正负理想目标的加权距离:

$$D_i^+ = D(V_i, V^+) = \sqrt{\sum_{j=1}^{n}(v_{ij} - v_j^+)^2} \quad (3\text{-}54)$$

$$D^+ = \begin{pmatrix} 0.011 & 0.125 & 0.118 & 0.075 & 0.128 & 0.117 \end{pmatrix}^T$$

$$D_i^- = D(V_i, V^-) = \sqrt{\sum_{j=1}^{n}(v_{ij} - v_j^-)^2} \quad (3\text{-}55)$$

$$D^- = \begin{pmatrix} 0.153 & 0.040 & 0.063 & 0.087 & 0.072 & 0.052 \end{pmatrix}^T$$

(4) 依据式(3-56)计算贴近度 R_i,R_i 值越大,目标的威胁度越大。

$$R_i = \frac{D_i^-}{D_i^- + D_i^+} \quad (3\text{-}56)$$

$$R = \begin{pmatrix} 0.935 & 0.245 & 0.348 & 0.536 & 0.361 & 0.309 \end{pmatrix}^T$$

威胁目标排序为 T1＞T4＞T5＞T3＞T6＞T2，实例仿真结果如图 3-10 和图 3-11 所示。

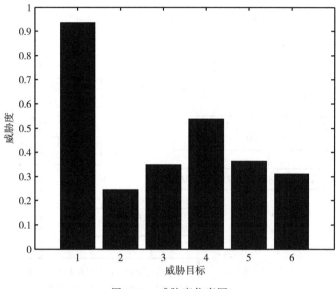

图 3-10　威胁度仿真图

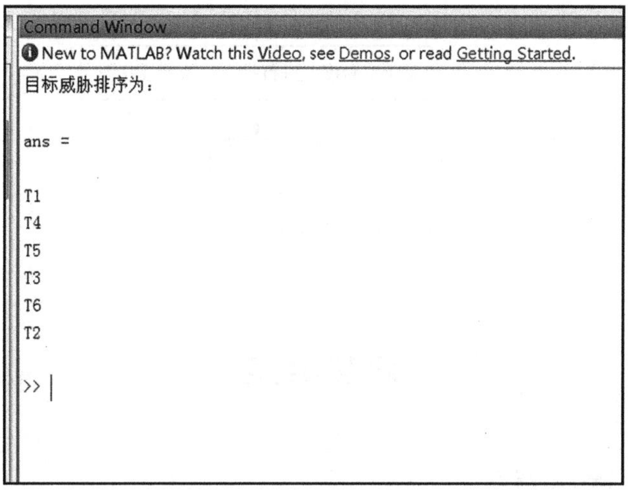

图 3-11　仿真结果图

目标威胁评估的程序实现框图如图 3-12 所示，对应的 MATLAB 仿真程序见附录一。

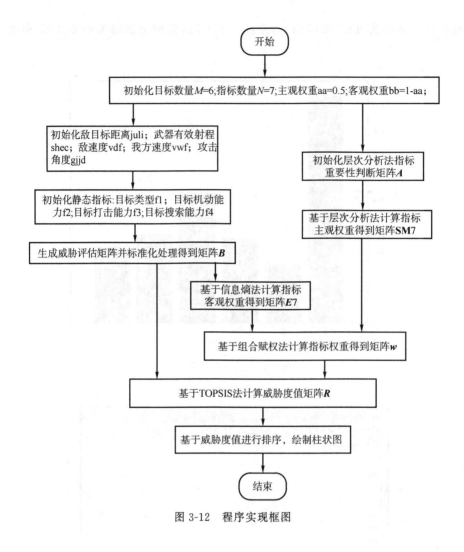

图 3-12　程序实现框图

思考与练习

1. 什么是目标威胁评估？
2. 目标威胁评估的基本步骤是什么？
3. 简述目标威胁评估体系指标的权重作用,以及基于层次分析法的基本实现方法。
4. 简述目标威胁评估的线性加权和法算法实现方法。
5. 简述目标威胁评估的理想点法实现方法。

第 4 章 火力分配技术

为适应现代战争要求,地面突击部队面临由平台中心战向网络中心战转变。如果传统机械化作战被认为是平台与平台之间的对抗,三化融合的现代作战将是体系与体系、系统与系统之间的较量。在这种多装备对多个目标作战的背景下,如何及时确定我方各装备的具体打击目标成了射击前必须解决的技术问题。考虑到地面突击作战的特点,将它称为地面突击分队的火力分配问题。

4.1 概述

火力分配问题的研究开始于 20 世纪 50~60 年代,最初用于制定作战计划和训练指挥军官,同时也为武器的选择和新武器的研制与采购提供参考,受限于当时的计算能力,火力分配问题研究的适用性还很有限。随着计算机技术的发展,计算能力大大增强,火力分配问题的研究得到了快速发展,开始致力于解决复杂条件下的大规模、多类型武器、多类型目标的分配问题,并逐步应用于指挥控制系统中的辅助决策以及未来武器系统的智能作战指挥。火力分配主要是通过决策、计划、组织、协调和控制等活动,合理使用和分配各种武器资源,使火力规划过程具备科学的内容、周密的安排、规范的流程、严格的制度等基本特征,以最经济的投入获取最满意的效果,发挥火力打击的整体效能。火力分配中一般遵循以下原则:

(1) 对于威胁程度大的目标,应优先使用射击条件更为有利的武器打击;
(2) 应尽可能多地摧毁目标,使未摧毁的目标数最少或没有;
(3) 留有一定数量备用弹药以应付连续作战的需要;
(4) 使武器对目标的毁伤概率最大;
(5) 使用于打击主要目标且最终能够突防成功的武器的总数量最大;
(6) 使消灭对方主要目标所消耗的武器费用最小。

军事上的火力分配问题,在学术上称之为武器目标分配问题(Weapon-Target Assignment, or Weapon-Target Allocation, WTA),是一种非线性的组合优化问题。20

世纪70年代以前,对火力分配问题的研究主要集中于一些特定领域,如导弹防空领域中静态火力分配。20世纪80年代,美国麻省理工学院的Patrick A Hosein与Michael A对一般性的火力分配问题做了较为系统的研究。Hosein等人提出了静态火力分配(Static Weapon-Target Assignment,SWTA)与动态火力分配(Dynamic Weapon-Target Assignment,DWTA)的概念,建立了一般意义下的静态火力分配模型。S. P. Lloyd等人证明了火力分配问题是NP(Non-determinstic Polynomial)完全问题,说明求火力分配问题的最优解所需要的计算时间将随着问题规模的增加而呈指数增长。20世纪90年代以来,美国国防分析研究所(Institute for Defense Analysis,IDA)一直致力于火力分配问题的研究。1999年,IDA提出了改进的武器优化与资源需求模型(Weapon Optimization and Resource Requirements Model,WORRDM)。WORRDM模型是一个线性规划模型,考虑了武器的费用以及不同武器组合对目标的打击情况。随着C^4KISR在现代战争中的应用,IDA对WORRDM改进并提出了C^4KISR环境下的作战资源分配模型(Engagement Resources Allocation Model,ERAM)。国内学者对火力分配问题研究也主要是针对特定领域如防空导弹针对来袭目标的分配问题的研究,所建立的模型以静态火力分配模型为主,考虑时间因素的动态模型研究也逐渐出现。

4.2 WTA 问题及求解

WTA问题可分为模型研究及模型求解算法研究两个部分,如图4-1所示。

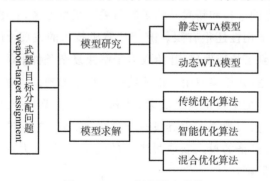

图4-1 WTA 问题研究结构

WTA问题模型研究的内容主要集中在以下几个方面,各种内容的不同组合,构成了多种多样的复杂的WTA问题。

(1) 模型假设

对WTA问题进行建模研究,首先对问题进行合理假设。由于对抗环境的复杂性,武器与目标的交战方式也非常复杂,因而对问题进行合理抽象,是建立准确模型、解决问题的关键。

(2) 目标函数的选择准则

目标函数选择准则的不同,反映决策人员的不同意图,也决定了不同的目标函数形式及交战策略。通常选取使防御方的资源损失最小、防御方总消耗最小、敌方潜在威胁最小、敌方剩余目标数最小等作为目标函数的准则。

(3) 约束条件

对 WTA 问题的研究主要考虑武器与目标的数量、武器对目标的毁伤概率、目标对资源的毁伤概率、资源的价值、目标的威胁等因素。约束条件的选择与决策意图有关,也决定了问题研究的复杂度。

(4) 时间因素

是否考虑时间因素是区别动态模型与静态模型的标志。由于战场环境动态变化,并且武器在射击过程中也存在着时间因素的限制,因此仅考虑武器对目标的静态分配,不考虑时间因素对武器分配的影响,往往不能正确反映作战过程。

WTA 问题的求解算法研究内容主要有:

① 传统优化算法:主要包括隐枚举法、分支定界法、割平面法、动态规划法等。

② 智能优化算法:主要包含禁忌搜索算法、模拟退火算法、神经网络算法、进化计算、群智能算法以及人工免疫算法等。

③ 混合优化算法:将上述两种及两种以上的算法结合起来对模型进行求解。

4.2.1 WTA 问题的分类

目前通常从四个方面对 WTA 问题进行分类:

(1) 根据目标是否具有威胁性,可将 WTA 问题分为广义 WTA 与狭义 WTA。

狭义 WTA 中的目标是具有攻击能力的武器,对防御方具有威胁性;广义的 WTA 中的目标不一定具有攻击能力,因此广义 WTA 与通常意义上的火力分配或目标分配的含义具有一致性。

(2) 根据作战双方对抗方式的不同,可将 WTA 问题分为直接对抗式 WTA 和间接对抗式 WTA。

直接对抗式 WTA 是指作战双方在直接对抗的情况下进行武器目标分配,双方的作战目的都是为了直接消灭对方,如坦克战中的作战双方都是为了消灭对方的坦克;间接对抗式 WTA 是指攻击方的武器(这里称作防御方的目标)的作战目的是摧毁防御方所保护的资源,而防御方的武器为了使所保护的资源的不受损失或损失较小,而对敌目标有选择地进行打击,因而间接对抗式 WTA 又称作资源防护型 WTA,如要地防空作战中的导弹部队对袭击所保卫的重要城市或设施的敌方飞机进行导弹拦截。两者的主要区别在于目标所攻击的对象不同,前者的目标打击对象是防御方的武器,而后者的目标所打击的对象是防御方的武器所防护的资源,而不是直接与防御方的武器进行交战。

(3) 根据对时间因素的不同考虑,可将 WTA 问题模型分为静态 WTA 模型与动态 WTA 模型。

静态 WTA(SWTA)是基于所有武器同时分配发射和武器目标之间交战相互独立这两个假设建立的模型。SWTA 中武器和目标状态固定、参数恒定且已知,其目标是防御方根据进攻方的武器估计类型、预测点影响值,针对暂时防御任务,给出最优分配。

动态 WTA(DWTA)模型是在 SWTA 模型的基础上,注重考虑分配过程中可能的随机事件并及时处理,研究动态防御作战过程中武器目标最优分配。由于时间因素和随机事件的影响,增加了问题求解的难度。

(4) 根据 WTA 问题的武器平台性质,还可将 WTA 问题分为单武器平台 WTA 与多武器平台 WTA。多武器平台即为分队级的火力分配。

此外,还可从目标函数的准则、约束条件等不同角度对 WTA 问题的模型进行分类。

4.2.2 基本数学模型及其性质

目前对 WTA 问题的求解研究,大多针对其静态模型。

1. 基本数学模型

一般意义上的 WTA 问题可描述为

定义 4-1 WTA 基本数学模型

定义武器集 $W=\{W_i\}, i=1,2,\cdots,m$,描述 m 个武器。定义目标集 $T=\{T_j\}, j=1,2,\cdots,n$,描述 n 个目标。定义武器 W_i 的重要度为 s_i,武器 W_i 对目标 T_j 的打击效果为 p_{ij},且最多有 h_j 个武器同时对目标 T_j 进行打击。定义目标 T_j 对武器 W_i 的打击效果为 q_{ij},目标 T_j 的威胁度为 v_j。用矩阵 $\boldsymbol{X}=(x_{ij})_{m\times n}$ 来描述 WTA 分配方案,其中 $x_{ij}=\{0,1\}$:$x_{ij}=1$ 表示武器 W_i 对目标 T_j 进行打击,否则 $x_{ij}=0$ 表示不进行打击。

根据不同的 WTA 求解目标,其数学模型有不同的形式,讨论最多的有 3 种形式:

(1) 以失败毁伤概率和最小为目标,目标函数采用公式(4-1)。

(2) 以我方打击失败造成的代价最小为目标,目标函数采用公式(4-2)。

(3) 以成功毁伤概率和最大为目标,目标函数采用公式(4-3)。

综上所述,WTA 问题的数学模型可以抽象为如下形式:

$$\min \sum_{j=1}^{n}\left(v_j \cdot \prod_{i=1}^{m}(1-p_{ij})^{x_{ij}}\right) \tag{4-1}$$

$$\min \sum_{i=1}^{m}\left(s_i \cdot \sum_{j=1}^{n}\left(v_j \cdot \prod_{i=1}^{m}(1-p_{ij})^{x_{ij}} \cdot q_{ij}\right)\right) \tag{4-2}$$

$$\max \sum_{j=1}^{n}\left(v_j \cdot \left(1-\prod_{i=1}^{m}(1-p_{ij})^{x_{ij}}\right)\right) \tag{4-3}$$

并使得 $\sum_{j=1}^{n} x_{ij} \leqslant 1 \quad i=1,2,\cdots,m \quad x_{ij}=\{0,1\}$ (4-4)

$$\sum_{i=1}^{m} x_{ij} \leqslant h_j \quad j=1,2,\cdots,n \tag{4-5}$$

以公式(4-1)和公式(4-2)为基础的基本 WTA 模型主要应用于防空作战领域,其作战形式主要是间接对抗型,作战目的是保护防御阵地。以公式(4-3)为基础的基本 WTA 模型主要应用于空-空对战、空-地对战领域,其作战形式主要是直接对抗型,作战目的是直接歼灭对方。由于装甲装备是地面突击型武器,主要作战目的也是消灭敌方有生力量,因此地面突击分队 WTA 模型通常可以在公式(4-3)的基础上进行研究或改进。

2. 数学性质

WTA 问题具有以下数学性质:

(1) WTA 问题是 NP-Complete 问题,欲获得其准确最优解,必须采用枚举法。

(2) WTA 问题具有离散性,即不能对其微分。

(3) WTA 问题具有随机性,即武器与目标的交战等活动往往需要用随机模型描述。

(4) WTA 问题的目标函数是非线性的。

(5) WTA 问题模型的上述数学性质表明,对于一定规模的 WTA 问题,精确求解其最优解是不现实的,只能求其满意解或次优解。

4.2.3 WTA 模型求解

WTA 模型求解问题,是一种典型的 NP 问题,传统的算法如分支定届法、割平面法、动态规划法等求解的时间代价过大,难以满足求解的实时性要求。利用粒子群优化算法、人工蜂群算法、人工蚁群算法、蛙跳算法、遗传算法等智能算法可较好地进行火力分配问题的模型求解。下面用人工蜂群算法对火力分配基本模型进行求解的例子。

1. 人工蜂群算法

人工蜂群算法(Artificial Bee Colony,ABC)由土耳其学者 Karaboga 于 2005 年提出,算法具有寻优效果好、控制参数少、实现简单等特点。与 PSO 算法、GA 算法、ACO 算法等其他算法相比,寻优能力和算法精度都具有明显优势。现已在动态聚类、最短路问题(SP)、服务选择和组合等多个方面得到应用。

1) 人工蜂群算法的基本概念

ABC 算法定义了食物源(Food Sources,FS)、采蜜蜂(Employed Bees,EB)、观察蜂(Onlooker Bees,UB)、侦察蜂(Scouts Bees,SB) 4 个组件,以及搜索食物源(search)、招募(recruit)、放弃食物源(abandon) 3 个行为。每个食物源有且只有一个采蜜蜂,食物源的位置代表优化问题的一个可行解,每个食物源的蜂蜜量代表相关解的质量,称为收益度。算法开始时,采用完全随机的方式寻找食物源,即问题的解;寻找到食物源后所有侦察蜂返回蜂巢,侦察蜂根据所持有食物源的收益度遵循一定概率成为采蜜蜂或观察蜂;采蜜蜂回到原食物源附近继续寻找新食物源,观察蜂选择在蜂巢等待;当采蜜蜂完成新食物源的寻找后回到蜂巢,观察蜂根据采蜜蜂所持新食物源的收益度遵循一定概率接受招募,在新食物源附近进一步寻找食物源;如果采蜜蜂和观察蜂经过一定次数寻找后未能找到收益度更高的食物源,则放弃当前食物源并成为侦察蜂,侦察蜂依然采用完全随机的方式搜索食物源。蜜蜂角色转换的具体过程如图 4-2 所示。

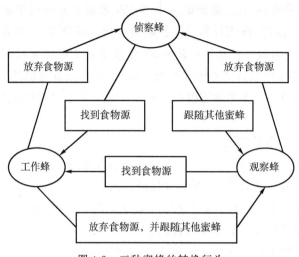

图 4-2 三种蜜蜂的转换行为

2) 人工蜂群算法的基本原理

ABC 算法最初是为解决函数优化问题提出的,目前已推广到很多领域。ABC 算法是模拟自然蜂群的一种群智能算法。人工蜂群包含三类蜂:工作蜂、观察蜂、侦察蜂。工作蜂在蜜源采蜜并提供它所记忆的蜜源邻域的信息;观察蜂等候在舞蹈区从工作蜂那里得到食物源的信息,并根据食物源含蜜量情况选择一个食物源去采蜜;侦察蜂负责寻找新蜜源。蜂群按数量等分成两组,前一半是工作蜂,后一半是观察蜂。每一个食物源只有一个工作蜂,也就是工作蜂的数目和蜂巢周围的食物源的数目相等。当一个食物源被工作蜂或观察蜂所抛弃,侦察蜂就去寻找一个新的食物源。在 ABC 算法中食物源即蜜源,每个食物源的位置代表优化问题的一个可行解,食物源的蜂蜜量代表相关解的质量,称为评价值。蜂群采蜜过程示意图如图 4-3 所示。

ABC 算法可用流程图(图 4-4)表示。步骤如下:

(1) 初始化

ABC 算法首先产生初始种群,种群数量为 SN,也即代表 SN 个解(食物源)。每一个解 $x_i = (x_{i1}, x_{i2}, \cdots, x_{iD})$,$i = 1, 2, \cdots, SN$ 是一个 D 维向量,D 是优化问题解的维度。x_i 生成后,计算每个 x_i 的适应值 fit_i。

$$x_{id} = LB_d + (UB_d - LB_d) \cdot rand \tag{4-6}$$

式中,$d = 1, 2, \cdots, D$,变量 x_i 的上界为 $UB = [UB_1, UB_2, \cdots, UB_D]$,下界为 $LB = [LB_1, LB_2, \cdots, LB_D]$,rand 为 $[0, 1]$ 之间的随机数。

(2) 迭代过程

在初始化之后,进入迭代($C = 1, 2, \cdots, C_{max}$)过程,$C_{max}$ 为最大迭代次数。在每次迭代中,三种类型的人工蜂群执行如下不同的操作,种群的全局最优解就随着人工蜂群每次迭代中所寻找的食物源适应值的情况不断更新。

① 工作蜂有 SN 个,对应 SN 个食物源,任意工作蜂 i 在种群中随机选择一个工作蜂

第 4 章 火力分配技术

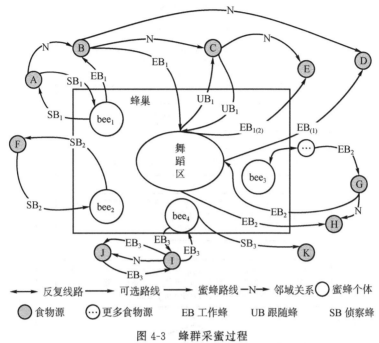

图 4-3 蜂群采蜜过程

k 做它的邻居,并在工作蜂 k 的食物源 D 维向量中随机选择一位 $d(d=1,2,\cdots,D)$。v_i 为工作蜂 i 的候选食物源,除了第 i 位 v_{id} 外,v_i 的其余各位和 x_i 一致。v_{id} 的计算方法如下

$$v_{id}=x_{id}+w\phi_{id}(x_{id}-x_{kd}) \tag{4-7}$$

式中,x_{id} 是食物源 x_i 第 d 位,x_{kd} 是相邻食物源 x_k 的第 d 位,ϕ_{id} 是 $[-1,1]$ 上的随机数,w 是控制当前食物源和相邻食物源差别大小的参数。这样,v_i 生成后,v_i 和 x_i 之间通过贪婪策略进行选择,即如果 v_i 的适应值不比 x_i 的适应值差,则 $x_i=v_i$,x_i 重复使用的次数 trial_i 置 0。否则舍弃 v_i,x_i 保持不变,x_i 重复使用的次数 trial_i 增加 1。

② 观察蜂也有 SN 个,当工作蜂寻找到新的食物源后,回到蜂巢的跳舞场和观察蜂分享食物源的信息。工作蜂的食物源的蜂蜜量的概率值 p_i 的计算可按式(4-8)进行。

$$p_i=\text{fit}_i \Big/ \sum_{k=1}^{\text{SN}}\text{fit}_i \tag{4-8}$$

式中,fit_i 为工作蜂 i 的食物源的适应值。

$$\text{fit}_i=\begin{cases}1/(1+f_i),\text{if } f_i\geqslant 0\\1+|f_i|,\text{其他}\end{cases} \tag{4-9}$$

式中,f_i 表示食物源的评价值。

观察蜂 j 通过轮盘赌的形式来从工作蜂的食物源中选择食物源,假设工作蜂 i 的食物源 x_i 被选中,观察蜂 j 采用和①相同的方法来生产候选食物源 v_i,也采用和①相同贪婪策略在 v_i 和 x_i 之间进行取舍,trial_i 的设置方法亦同上。

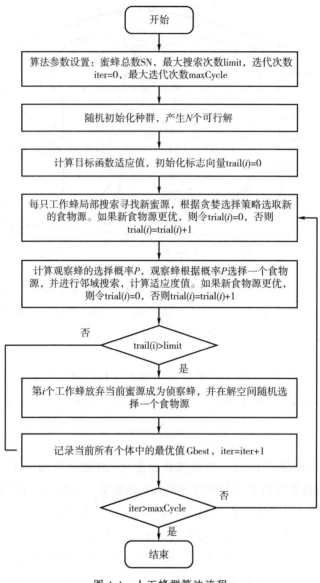

图 4-4 人工蜂群算法流程

③ 当某一食物源 x_i 的 $trial_i$ 等于最大重复使用次数的限定值 limit 时,侦察蜂就会随机生成一个新的食物源取代 x_i,原来的食物源被舍弃不用。

(3) 算法结束

当第二步完成 $C_{\max}$ 次迭代后,ABC 算法结束,输出最优解及最优适应值。

2. 求解步骤

WTA 为整数规划问题,对相应的食物源编码需要进行适应整数的改进,对于 m 个武器平台,n 个目标的情况,食物源编码为 m 维,上下界为 1 和 n,每次更新食物源后需要进行取整操作。算法的流程如下:

Step1 设置种群规模 SN,最大重复次数 $trial_{max}$,迭代次数,确定适应度函数,随机生成 SN 个解(蜜源)构成初始种群;

Step2 进入迭代计算,记录当前迭代次数;

Step3 工作蜂按照式(4-7)搜索一个新蜜源,并计算该位置的适应度,采用贪婪选择策略,如果新位置不优于原来的位置,则重复次数 $trial_{max}$ 加 1;

Step4 观察蜂根据式(4-8)选择一个工作蜂的蜜源位置,并根据式(4-7)产生一个新位置,采用贪婪选择策略,如果没有优化,同样 $trial_{max}$ 加 1;

Step5 如果重复次数 $trial_{max}$ 大于最大限定值,放弃该蜜源,按照式(4-6)随机生成的蜜源进行替换;

Step6 记录当前搜索到的最优解,如果到达最大迭代次数,则结束循环,输出最优解和最优值,否则返回 Step2。

3. 求解示例

设我方有 11 个武器平台 W1~W11,打击敌方 7 个目标 E1~E7,打击概率为 0~1 随机生成,如表 4-1 所示。表 4-2 为各目标的战场价值,通过人工蜂群算法进行求解。

表 4-1 我方武器平台对目标打击概率表

武器平台	目标						
	E1	E2	E3	E4	E5	E6	E7
W1	0.52	0.15	0.25	0.57	0.71	0.63	0.59
W2	0.18	0.55	0.46	0.93	0.12	0.08	0.99
W3	0.10	0.50	0.09	0.25	0.95	0.62	0.09
W4	0.32	0.08	0.49	0.66	0.28	0.12	0.86
W5	0.04	0.12	0.08	0.53	0.73	0.56	0.37
W6	0.78	0.28	0.35	0.06	0.14	0.29	0.23
W7	0.02	0.20	0.98	0.64	0.56	0.14	0.93
W8	0.79	0.10	0.94	0.06	0.03	0.48	0.26
W9	0.60	0.62	0.51	0.32	0.08	0.96	0.35
W10	0.40	0.40	0.62	0.08	0.98	0.13	0.19
W11	0.69	0.40	0.32	0.29	0.01	0.22	1.00

表 4-2 目标战场价值

目标	E1	E2	E3	E4	E5	E6	E7
价值 V	0.71	0.91	0.45	0.92	0.65	0.95	0.14

选取种群数 SN=60,最大限制重复次数为 150,最大迭代次数为 500;计算结果如表 4-3 所示,获得适应度值为 0.3608。具体程序见附录二。

表 4-3　武器目标分配结果

武器	W1	W2	W3	W4	W5	W6	W7	W8	W9	W10	W11
打击目标	4	2	2	4	4	1	3	1	6	5	7

目标函数值变化曲线如图 4-5 所示。

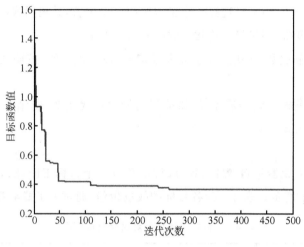

图 4-5　目标函数值变化曲线

4.3　地面突击分队火力分配技术

火力分配技术研究的核心问题是 WTA 模型的建立,模型是否科学、合理,直接决定了地面突击分队能否有效将火力分配技术应用于实际战斗当中。

4.3.1　现有 WTA 模型存在的问题

地面突击分队作战是不同作战能力武器平台间的协同打击过程,科学合理的武器-目标分配方案可以有效提高作战能力。武器-目标分配模型的建立就是为了使得有限的战场打击资源获得最佳的打击效果,其本质是一种指派模型。地面突击分队战斗中常用的基本 WTA 模型是以打击效果最大化为目标,在获得目标战场价值、己方对其毁伤概率的基础之上建立的。但基本 WTA 模型是以空-空作战、空-地作战为基础建立的,其与地面突击分队作战在战斗形式、射击方式等方面存在诸多不同。因此将基本 WTA 模型应用于地面突击分队作战还存在以下 3 个问题。

（1）战法因素考虑不足

地面突击分队作战过程中需要运用到多种战法,主要可分为机动战法和火力打击战法。机动战法是指转移兵力所运用的作战方法,目的是创造有利的战斗态势,便于充分发挥火力,具体包括"隐蔽前出""穿插迂回"等战法。火力打击战法是指对所属火力的组织和使用方法,目的是使火力得到充分发挥,以最少的代价阻击或歼灭敌人,具体包括"集中火力射击""区分火力射击"等战法。分队指挥员在选择火力打击战法时应综合考虑分队所采用的战斗队形、作战任务以及敌我双方所处态势,可见战斗队形合理部署为科学选择火力打击战法奠定了基础。通过两种机动战法的定义可以看出机动战法能够改变作战态势,但并不影响武器-目标分配的结果。而火力打击战法直接决定了地面突击分队在进行武器-目标分配时更加希望得到何种分配方案。因此在研究 WTA 问题时,必须考虑打击战法因素对武器-目标分配的影响。地面突击分队战术教材也明确指出:"与战法相结合"是地面突击分队进行火力分配须遵循的首要原则。然而目前基本 WTA 模型还未将战法作为影响分配结果的因素予以考虑。

(2) 转移火力代价因素考虑不足

不同于导弹等空战武器,地面突击装备多属于直瞄射击型武器,在进行火力打击时,突击装备火炮必须指向射击区域。因此,突击装备在由当前火炮位置转向目标进行射击时需要进行转移火力。转移火力是在关键的时间、地点对敌形成火力优势的基本手段,也是改变火力分配的基本方式。转移火力时所付出的时间成本称为转移火力代价。突击装备战斗对转移火力的基本要求是:及时、正确、不误战机。可见,如果地面突击分队进行火力分配时不考虑转移火力代价,将增加火力分配付出的时间成本,与地面突击分队作战实际不符。

(3) 模型实现方式考虑不足

目前,地面突击分队 WTA 模型依然是一个理想化后的抽象模型。首先,还没有一个研究给出地面突击分队 WTA 模型在现有地面突击分队指挥体系下的实现结构;其次,模型在具体使用时还存在"武器能否射击""目标是否需要分配"和"使用时机"的问题。具体讲,由于武器执行任务的多样性和射击时间的独立随机性,并非分队中所有武器均可以参与下一次武器-目标分配。由于目标距离或目标已经被分配但还未完成射击等因素的限制,造成了并非所有目标都需要参与下一次武器-目标分配。另外,突击装备作战中目标被发现的时间具有随机性、分散性的特点,导致了很难找到一个明确的 WTA 模型应用时机。

综上所述,目前基本 WTA 模型应用于地面突击分队作战时依然存在诸多问题。为此,应围绕这些问题,对模型进行有针对性的优化,建立更加符合地面突击分队作战需求、并且可以应用于实战的 WTA 模型。

4.3.2　影响地面突击分队作战效果的因素

关于作战效果的影响因素,长期以来一直是国内外军事领域探讨的主要内容。但由于研究角度存在差异,认识并不一致,致使对于影响作战的战斗要素,长期以来存在争议。国内的军事理论研究者,通过研究其他国家的军事理论,结合我国我军的实际情况,从宏观上提出了我军装甲兵的战斗要素:力量、行动、时间、空间。并认为,该四要素彼此联系构成一个有机的整体,如果其中任何一个要素与其他要素失去协调并未能及时调整,战斗就有失败的可能。一些装甲兵战术理论研究者,针对地面突击分队级别,提出了地面突击分队火力分配的影响因素,包括:作战环境、战术运用、武器性能、目标状况和保障能力,具体影响因素如图 4-6 所示。

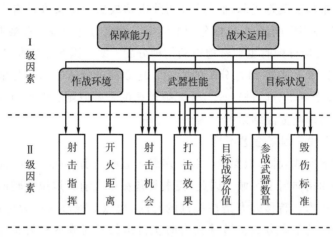

图 4-6　地面突击分队火力分配的影响因素

在此基础上,如果再具体一些,可以发现目标战场价值、打击效果、参战武器数量、毁伤标准、射击机会等因素对地面突击分队的火力分配效果影响更为直接。因此,综合以上因素,以开火距离、目标战场价值、打击效果为主要考虑因素,构建地面突击分队 WTA 静态模型。

4.3.3　地面突击分队 WTA 问题建模

自 20 世纪中期开始,许多学者对 WTA 问题进行了诸多探索性研究并取得了一些实质性进展,公认在理论上其静态模型已经相对成熟。在此基础上,将其应用于陆军合成部队,可以得到地面突击分队 WTA 模型。

1. 战术背景

针对地面突击分队的 WTA 问题,一般基于以下战术背景:

在某战斗时刻,红蓝双方地面突击分队遭遇于某地形区域。红方地面突击分队有 m 个战术单位,称为武器集 $W=\{W_i\}, i=1,2,\cdots,m$。蓝方地面突击分队有 n 个战术单位,称为目标集 $T=\{T_j\}, j=1,2,\cdots,n$。目标是找到满足预期目标(通常以打击效果最大化为目标)的武器-目标分配方案。

2. 决定因素

(1) 目标战场价值

目标战场价值,简称"目标价值",目标战场价值用向量 v 表示,且 $v=(v_j)$,其中 $v_j \in [0,1]$ 为目标 T_j 的战场价值。

该指标的具体确定方法是"目标威胁评估"问题的拓展,已经研究了较长时间,形成了一系列相对成熟的方法。

(2) 打击效果

打击效果,也称为"射击有利度",用矩阵 $\boldsymbol{P}$ 表示,且 $\boldsymbol{P}=(p_{ij})_{m\times n}$,其中 $p_{ij}\in[0,1]$ 为武器 W_i 对于目标 T_j 的打击效果。该数值通常由命中率和毁伤概率共同确定,考虑到地面装备毁伤效果评估的复杂性,模型采取简化处理,假定"命中即毁伤",即所有被命中目标的毁伤概率均为 100%。因此,打击效果取武器对目标的命中概率,根据射击学的相关知识,其数值取决于武器性能、弹种选取、射击距离、运动性质、目标性质等因素。

地面突击分队武器平台对目标射击时,射击命中概率可表示为

$$p = \lambda^{LF} \lambda^{WE} \lambda^{EM} \lambda^{GUN} \Phi(f) \Phi(g) \tag{4-10}$$

式中,λ^{LF} 为地形系数,$0\leqslant\lambda^{LF}\leqslant1$;$\lambda^{WE}$ 为气象系数,$0\leqslant\lambda^{WE}\leqslant1$;$\lambda^{EM}$ 为电磁系数,$0\leqslant\lambda^{EM}\leqslant1$;$\lambda^{GUN}$ 为射手射击技术系数,$0\leqslant\lambda^{GUN}\leqslant1$;$\Phi(f)$ 为方向命中概率;$\Phi(g)$ 为高低命中概率。

有效射程是衡量地面突击分队武器平台火力打击能力的重要指标。以某型作战单元为例,穿甲弹的有效射程为 2.2 km ($D_{EFF}=2.2$),破甲弹的有效射程为 1.7 km ($D_{EFF}=1.7$),当射击距离在 2.2 km 以内时,我方武器平台即可对目标实施合理射击。但当射击距离大于 2.2 km 时,采用单发射击方式打击目标不能取得满意的命中效果,需要采用集火射击。

集火射击是为提高射击命中概率、增强火力打击效果而采用的一种射击方式,即多个武器平台同时对一个目标射击。设我方 m 个武器平台各发射一发炮弹打击同一目标,其集火射击的命中概率可表示为

$$p(m) = 1 - \prod_{i=1}^{m}(1-p_i) \tag{4-11}$$

式中,p_i 为我方第 i 个武器平台的射击命中概率,当 m 个武器平台的射击命中概率相同时,集火射击的命中概率可表示为

$$p(m) = 1 - (1-p)^m \tag{4-12}$$

与单发射击一样,可认为集火射击命中概率 $p>50\%$ 时,武器平台射击才有意义,即定义 $p=50\%$ 时的集火射击距离为武器平台的广义有效射程。不同数量的武器平台参加集火射击时会有不同的有效射程,在各有效射程内达到既定数量的集火射击为合理射击。针对某型作战单元武器平台来说,穿甲弹和破甲弹的广义有效射程如表 4-4 所示。

表 4-4 穿甲弹、破甲弹广义有效射程

集火数量(辆)	穿甲弹有效射程(千米)	破甲弹有效射程(千米)
1	2.248	1.671
2	2.926	2.021
3	3.344	2.222
4	3.644	2.354
5	3.887	2.455
6	>4	2.534

由表 4-4 可知,穿甲弹的集火射击效果明显好于破甲弹,当射击距离为 3 km 时,2 发穿甲弹的集火射击命中概率远高于 6 发破甲弹的集火射击命中概率,所以破甲弹并不适合集火射击,要求只有在射击距离小于 2 km 时才可采用破甲弹。穿甲弹的集火射击效果随着集火数量的增多明显提高,但当穿甲弹集火数量大于 3 发时,其集火射击效果增加不明显。综合考虑坦克的射击命中概率及弹药资源消耗,要求穿甲弹的集火数量不大于 5 发。

在对目标实施远距离集火射击时,由于射手素质、地理环境、天气情况等不确定性因素的共同作用,使得在实际战场上,上述广义有效射程的界限并不十分鲜明,所以在实际应用过程中,需要对其改动,以增加有效射程的合理性。实用广义有效射程如表 4-5 所示。

表 4-5 穿甲弹实用广义有效射程

有效射程	射击距离(千米)	集火数量(辆)
$(D_{\text{EFF}})_1$	2.2	1
$(D_{\text{EFF}})_2$	3	2
$(D_{\text{EFF}})_3$	4	5

由此可确定我地面突击分队对目标实施有效打击时,针对不同距离上的目标所需采取集火武器的数量。打击单目标武器规模可表示为

$$\widetilde{m} = f(\bar{d}, (D_{\text{EFF}})_{1,2,3}) = \begin{cases} 1, & \bar{d} \leqslant (D_{\text{EFF}})_1 \\ 2, & (D_{\text{EFF}})_1 < \bar{d} \leqslant (D_{\text{EFF}})_2 \\ 3 \sim 5, & (D_{\text{EFF}})_2 < \bar{d} \leqslant (D_{\text{EFF}})_3 \end{cases} \quad (4\text{-}13)$$

式中,$\bar{d}$ 为敌我分队的平均距离,即目标分布中心与我方武器分布中心之间的距离。

特别地,对于"命中即毁伤"这一假定作如下解释:

陆军合成分队的主要编成可包括坦克、装甲车、装甲步兵、无人战车、无人机以及支援火力装备,其主要打击目标包括:坦克、装甲车、步兵、武装直升机等,对各种目标分析如下:

① 对于坦克、装甲车目标,合成分队主要武器为坦克炮、反坦克导弹、火箭筒等。无论哪种武器击中目标,即使无法毁伤其关键部位也会造成极大的震动,很大可能使其车内设施失灵、载员失去战斗力。

② 对于步兵目标,合成分队主要武器为并列机枪。国内装甲装备以 7.62 mm 口径为主,这种火力的机枪已足以使被命中的士兵无法继续作战。

③ 对于悬停的武装直升机目标,合成分队主要武器为导弹、高射机枪等。由于直升机为空中目标,这意味着只要使其坠机即可造成大概率的毁伤。

综上所述,根据对合成分队各种打击目标的分析,可以认为大部分情况下可使得目标命中即丧失战斗力。

(3) 模型建立

在对以上影响因素确定的基础上,基于 WTA 基本数学模型,地面突击分队 WTA 模型可以如下构建:

$$\max \quad L = \sum_{j=1}^{n} \left(v_j \cdot \left(1 - \prod_{i=1}^{m} (1-p_{ij})^{x_{ij}} \right) \right) \tag{4-14}$$

并使得
$$\sum_{j=1}^{n} x_{ij} \leqslant 1 \tag{4-15}$$

$$\sum_{i=1}^{m} x_{ij} \leqslant m \tag{4-16}$$

式中,$x_{ij} \in \{0,1\}, i=1,2,\cdots,m, j=1,2,\cdots,n$。

(1) $\boldsymbol{X}=(x_{ij})_{m \times n}$ 为武器目标分配矩阵,其中 $x_{ij} \in \{0,1\}$:$x_{ij}=1$ 表示武器 W_i 对目标 T_j 进行打击,否则 $x_{ij}=0$。

(2) 由于目前地面突击分队武器平台一般同一时刻最多只能打击一个目标,因此设置约束条件(4-15)。

(3) 约束条件(4-16)为逻辑限制条件,即对任意目标的打击武器数量不能超过武器总数 m。

4.3.4　火力分配实现

1. 物理结构要求

地面突击武器多是典型的地面直瞄武器,其作战过程一般分为 4 个阶段:目标搜索、跟踪瞄准、火力打击、打击效果评估。地面突击武器在整个战斗过程中既是目标信息的采集者、又是战斗打击的决策者、还是具体打击的执行者。传统打击决策方式是,分队指挥员规定每个武器平台的作战正面,武器平台自行完成搜索、打击等任务。现有指挥控制和信息传输结构已经可以完成这样的任务。然而 WTA 模型打破了这种分散的决策方式,它需要汇总所有武器平台所采集的信息,进行统一的处理和决策,然后将决策结果分发给每个武器平台具体执行。各武器平台之间还需要共享目标信息,以提高目标信息采集的准确度。因此,WTA 模型需要一种全新的指控系统和信息传输结构。

目前地面突击分队指挥控制和信息传输采用的是一种松散的星形拓扑结构,如图 4-7 所示,指挥中心(一般为分队指挥车)可以通过电台等指挥控制设备收集各武器平台的基本状态(主要指受损情况和大致位置),并下发作战命令。这种拓扑结构虽然可以满足 WTA 模型对于信息汇总、统一决策、任务下发方面的要求,但各武器平台间信息只能通过指挥中心的二次分发完成共享,不但增加了信息传输负担,而且抗毁性差。

为更加高效地实现 WTA 模型,地面突击分队必须增加所有武器平台间的信息共享机制,形成一种网状的拓扑结构,如图 4-8 所示。这种拓扑结构的优势在于所有武器平台都具有相同的信息处理和传输能力,自身的状态信息和战场侦察信息可以随时传递给分队其他武器平台,每个武器平台之间都拥有多条通信路径,可以通过直接或跳转的方式进行通信。网状拓扑结构提高了系统的容故障能力。但它也存在控制方式复杂,易形成广播风暴的缺点。然而由于地面突击分队武器数量有限,信息传送种类也较少,因此很容易克服上述缺点。

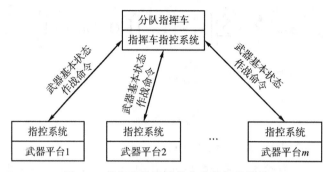

图 4-7　传统指控系统信息传输拓扑结构

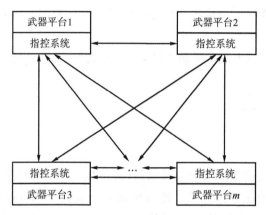

图 4-8　作战信息传输拓扑结构

理论上，网状拓扑结构上的任意一个节点均可以作为主节点对网络进行"监听"、协调数据传输、控制消息发放。但在实际使用过程中一般先将指挥车节点设为主节点对网络实施控制，并汇集各类作战信息，进行武器-目标分配。同时，建立主节点迁移机制，进一步提高系统的抗毁性。

2. 参与分配的武器和目标

(1) 参与分配的武器

赋予武器 W_i 一个射击状态变量 fs_i。当武器 W_i 正在担任机动任务或跟踪、瞄准、射击一个目标时，令 $fs_i=0$，此时武器 W_i 处于繁忙状态，无法参加下一次的武器-目标分配；当武器 W_i 正在静止或低速运动且未接受射击任务时，令 $fs_i=1$，此时武器 W_i 处于准备状态，可以参加下一次的武器-目标分配；完成射击、快速机动等任务的武器，如果上级没有赋予其他任务，立刻进入准备状态，令 $fs_i=1$。

(2) 选择分配的目标

赋予每个已经发现但尚未摧毁的目标 T_j 一个待射击状态变量 ws_j。一般装甲车辆的侦察范围大于有效毁伤范围，因此当目标已经被发现但尚未进入有效杀伤范围或目标已经被分配但尚未发生打击时，令 $ws_j=0$，目标将不参与下一次的武器-目标分配；当目标已经进入杀伤范围且并未分配时或目标被打击后未摧毁时，令 $ws_j=1$，目标将参与下一次的武器-目标分配。

3. 分配时机

在地面突击分队作战仿真中使用 WTA 模型会发现，几乎很少在同一时刻发现多个目标，可以证明，当时间间隔 $\Delta t \to 0$ 时，同时发现多个目标的概率为 Δt 的高阶无穷小。又因为目标被发现的时间分布具有随机性。因此当地面突击分队在某一时刻发现一个目标后，难以决定是立刻进行武器-目标分配，还是等待更多目标出现后再进行分配。如果立刻进行分配，将造成地面突击分队每一次的 WTA 过程均是一个多打一模型，这种方式降低了 WTA 模型优化火力的作用，失去了 WTA 技术的研究意义。如果选择等待出现更多的目标，虽然可以获得理论上更加优秀的分配效果，但也存在射击反应时间增长、贻误战机的风险。

不失一般性，假设：地面突击分队可以侦察得到敌人数量、分布等信息，通过这些信息可以推断敌方目标战场价值和被发现的概率，即战斗的 t 时刻 k 个目标被发现的概率服从参数为 λ 的泊松分布（λ 可以表示单位时间内发现的目标数量）。战斗某一时刻，已经发现敌方目标数量为 m，战场价值分别为 $(v_1, v_2, \cdots, v_m)$。

设从第一个可以打击的目标起，最长间隔时间 Δt 进行一次武器-目标分配。具体确定 Δt 时应当兼顾两方面：一方面，Δt 不宜过长，过长会造成战机贻误、射击反应时间增长的风险加大，甚至导致敌方先于己方开火的不利局面；另一方面，Δt 也不宜过短，过短会造成打击目标过少，降低 WTA 的火力优化效果。

最终确定 Δt 的表达式为

$$\Delta t = \rho \cdot \frac{1}{\lambda} \cdot \frac{1}{\bar{v}} \tag{4-17}$$

并使得 $\Delta t \leqslant t_{\text{limit}}$

式中，$\bar{v} = \dfrac{v_1 + v_2 + \cdots + v_m}{m}$，$\rho$ 为调节系数。从表达式可以看出时间间隔 Δt 同单位时间内可能发现目标数量 λ、已发现目标的平均战场价值 $\bar{v}$ 成反比。ρ 可以调节因目标战场价值计算方法不同带来差异。可以看出在预计发现目标概率高和已经发现目标战场价值大的情况下，这种方法可以缩短 WTA 模型的使用间隔，提高反应时间。反之，在预计发现目标概率低、已经发现目标战场价值小的情况下会增加 WTA 模型使用间隔，提高火力优化效果。为避免间隔过长，设置约束条件 $\Delta t \leqslant t_{\text{limit}}$，$t_{\text{limit}}$ 可以根据战斗阶段、作战态势等因素采用专家经验法确定。

另外，当出现一个目标 T_j 的战场价值 $v_j > v_{\text{limit}}$ 时，应当立刻使用 WTA 模型分配目标。这里主要是指突然出现一个价值足够大的目标时，WTA 模型应该及时做出反应，以避免贻误战机，造成严重后果。v_{limit} 判定战场价值阈值，应根据价值评估方法和具体的战斗情况由专家经验给出。

4. 分配流程

根据对于模型实现方式的三方面论述，最终可以确定地面突击分队在进行武器-目标分配的流程如图 4-9 所示。

智能决策与规划

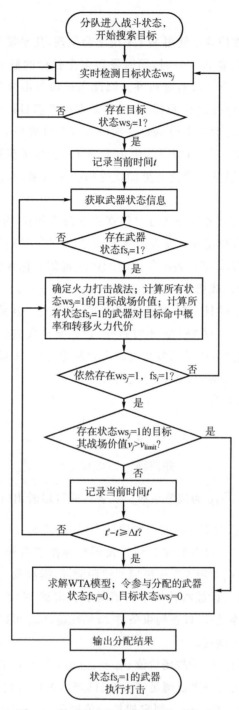

图 4-9 地面突击分队武器-目标分配流程

当分队进入战斗状态后,所有武器都在实时搜索目标。作为网状拓扑结构主节点的武器平台实时检测所发现目标的状态变量 ws_j 及各武器的状态变量 fs_i;一旦满足条件,则确定火力打击战法,计算所有状态 $ws_j=1$ 的目标战场价值、所有状态 $fs_i=1$ 的武器对目标命中概率和转移火力代价;检查是否存在 $v_j > v_{\text{limit}}$ 的目标,如果存在立刻执行武器-目标分配,否则判断是否满足间隔时间条件,如果满足则解算分配模型,输出分配结果;状态 $fs_i = 1$ 的武器执行打击任务;同时主节点武器平台继续执行目标变量 ws_j 的检测任务。

4.3.5 动态不确定条件下火力分配

前面给出了武器目标分配的优化方法,但在优化过程中没有考虑各种动态不确定性的影响,例如,在目标打击过程中,可能出现新的目标需要打击,己方武器可能发生故障或被打击变得突然不可用,这些都会导致静态优化得到的武器目标分配方案变得不可行,需要进行重新优化或调整,制定新的武器目标分配方案。

1. 不确定事件及其影响分析

在火力分配中主要考虑两方面确定性时间的影响。一方面是己方武器资源的不确定性,包括部分武器资源由于被敌方摧毁、发生故障、被转作他用等变得不再可用,或者武器虽然可用但是打击效果、可用时段或数量发生了变化。另一方面是目标发生了变化,包括打击目标增加、目标减少、目标毁伤要求发生变化、目标打击时机发生变化等。图 4-10 总结了火力分配中面临的主要不确定事件。

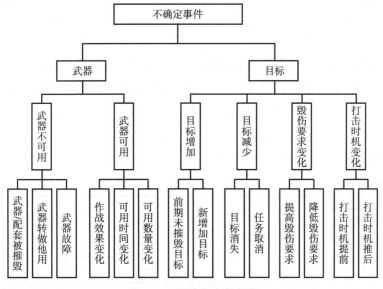

图 4-10 不确定事件分类

2. 不确定事件应对策略

当可能面临各种动态不确定性事件时,根据决策应对不确定性的不同方式,动态 WTA 分为三种:反应式规划、鲁棒规划和重规划策略。从实现方式上来说,反应式规划和重规划都属于事后应对式的策略,两者不同主要在于前者从不产生未来时间段的目标打击方案,后者则以某种指导原则对前一时间段制定的方案进行动态调整。鲁棒规划采取事先应对方式以最小化不确定性带来的冲击。重规划策略的两个核心问题是重规划原则和重规划方法,前者关注以何种方式触发重规划,后者关注重规划的具体方法。如果能够得到不确定事件的部分预测信息,一般在采用鲁棒优化方法,使得优化方案进行可能适应各种动态不确定事件。如果各种动态不确定事件难以预测,对于这些完全未知的动态事件,由于很难在武器目标分配模型中对其事先加以考虑,一般采取事后应对的规划策略,这也是实际作战中常采用的动态规划方法。下面重点介绍事后应对的重规划方法。

反应式规划策略在不确定扰动发生之后,根据当前可得的局部信息进行优化决策,通常采用简单易行的优先级规则技术,其实质是一种在线规划。不确定性较高时,反应式规划被认为是处理作战规划问题中不确定性的最好方法。何时对目标打击规划方案进行调整以及如何进行调整是目标打击重规划的两个核心问题,前者称为重规划原则,后者为重规划方法。

在目标打击重规划规则中,一般采用事件驱动式重规划策略,可以快速响应不确定事件带来的冲击。目标打击重规划方法一般有以下两种:

(1) 局部修复法:仅针对受不确定事件直接和间接影响的目标打击方案进行调整。

(2) 完全重规划法:对当前需要打击的所有目标重新进行武器分配,制定一个全新的武器目标打击方案。

局部修复法仅对部分目标的打击武器进行调整,可节约大量计算时间,反应速度快,并有利于维持原打击方案的稳定性。完全重规划法由于对所有需要打击的目标进行优化,能得到较好的优化效果。但是完全重规划一方面计算负担过重,另一方面会武器的重新分配会打乱很多部队的作战计划,因而很少采用。

火力打击重规划流程如图 4-11 所示。

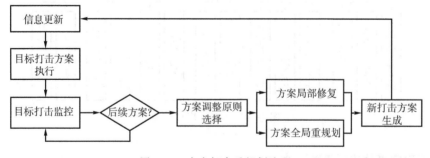

图 4-11　火力打击重规划流程

思考与练习

1. 火力分配问题研究的基本内容是什么?
2. WTA问题从不同角度可以分为哪些类别?
3. 影响地面突击分队作战效果的因素包括哪些?
4. 人工蜂群算法的核心思想是什么?
5. 火力分配过程中,不确定事件包括哪些?

第 5 章 火力毁伤效果评估技术

战争面貌总以能够体现时代特征的军事技术为标签。随着现代精确打击效能的提升,军事强国对目标毁伤效果评估越来越重视,基于毁伤效果控制作战进程,是夺取战争胜利的关键环节。

目标毁伤效果评估是联合作战火力打击"侦-控-打-评-保"链路中的重要环节,是实现远程精确火力打击的关键环节和重要保证,正逐步成为未来战场制胜的重要因素。美军长期经过战争实践检验,这方面的研究发展一直处于世界领先地位,并提出在精确火力打击行动中必须以生成的实时毁伤效果评估结论为依据,灵活调整打击目标和方式以取得预期的毁伤效果。在近年的几场斩首行动中,美军大量使用卫星侦察、航空侦察等评估技术手段拍摄目标及其周边实况照片,对目标打击情况进行现地侦察,再依据生成的毁伤效果评估结论决定是否实施再次打击。这种做法不仅实现了根据毁伤效果调控后续作战行动,同时展示了美军较为成熟的毁伤效果评估能力,为美军的"基于效果"的作战理念提供了有力的支撑。我军对毁伤效果评估理论的研究理念在早期与俄军比较类似,均注重经典的射击效率评定理论和毁伤协调计划的评估,而不是针对实际毁伤效果的评估,近年来虽已加强火力毁伤理论的研究工作,但在更高作战层次上,缺少非常完整的理论体系,缺乏供作战运用的研究成果,无法很好地满足一线部队的实际需要,如若不能很好解决,势必影响作战计划的制定和行动的展开。

本章主要介绍毁伤效果评估基本概念、当前我军目标毁伤效果评估涉及的评估方法、评估技术和评估模型,并对目标毁伤效果评估的发展趋势进行展望。

5.1 基本概念

阿塞拜疆国防部在纳卡冲突过程中,多次在社交媒体发布其无人机打击亚美尼亚地面装甲部队和营地的画面,同时也是阿方获取火力打击毁伤效果的途径。那么什么是毁伤效果评估,为什么需要毁伤效果评估,它在整个作战流程中起到什么作用呢?如图 5-1、图 5-2 所示是叙利亚战场上,两个目标的被打击情况。

第 5 章　火力毁伤效果评估技术

图 5-1 叙利亚古庙被 ISIS 破坏情况

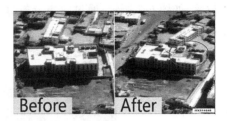

图 5-2 美军打击 ISIS 武装情况

图 5-1 是叙利亚古庙的打击前后卫星图像的对比,可以看出该古庙已基本被摧毁;而图 5-2 是美军对 ISIS 武装占领的某建筑物实施打击后,从卫星图像无法准确判断此轮打击是否达到效果。

5.1.1　毁伤效果评估概念

从前面的分析我可以将毁伤效果评估的概念总结如下,毁伤效果评估是对计划打击或完成打击的目标产生或已经产生的毁伤效果的评判,它是联合作战火力打击"侦-控-打-评-保"作战流程中的重要环节,无缝衔接"观察-判断-决策-行动"作战环,贯穿于作战计划与作战实施的全过程。

战前:如图 5-3 所示,在情报收集的基础上,依据计算机仿真等手段,分析敌重要目标的打击点和耗弹量等,为制定火力计划提供参考和依据。

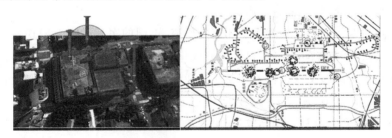

图 5-3　毁伤效果评估战前作用

战中:如图 5-4 所示,获取目标毁伤信息,对实际打击效果进行评判,为调整补充火力打击计划提供依据。

图 5-4　毁伤效果评估战中作用

战后:如图 5-5 所示,通过收集分析目标毁伤数据和信息,获取经验数据,为以后类似场景的战斗提供数据和经验支撑。

图 5-5　毁伤效果评估战后作用

5.1.2　毁伤效果评估标准

毁伤效果评估作为一项被考察评估的对象,就需要相应的标准来进行评价。首先我看一下标准的定义。

百度百科对标准的定义为:为了在一定的范围内获得最佳秩序,经协商一致制定并由工人机构批准,共同使用的一种规范性文件。

国家标准化管理委员会:标准是由一个公认的机构制定和批准的文件。它对活动或活动的结果规定了规则、导则或特殊值。

我军现也对毁伤效果评估进行了相应的研究,不同的军兵种也对毁伤效果评估给出了相应的定义例如解放军出版社《目标毁伤效果评估教材》给出的定义为:目标毁伤效果评估标准是指选定能够反映目标毁伤变化的毁伤特征参数,并且确定不同毁伤登记下各毁伤特征参数的量化值,是整个毁伤效果评估工作的核心。

而火箭军《毁伤效应及毁伤标准》给出的定义为:目标毁伤标准是评判目标毁伤程度的量化指标,规定了目标在不同打击意图下,应该打击哪些子目标,应该毁伤到什么程度,应该用什么指标去衡量。

总结一下,目标毁伤标准是判断目标被攻击,受到一定程度的毁伤后,是否失去或部分失去原有功能的标准。它反映了目标特性和武器毁伤元素之间的关系。毁伤效果评估标准的作用是作战意图与量化计算之间的纽带,有效地将打击目标要求和弹种、弹量和打击效果关联起来。

1. 外军毁伤效果评估标准简介

世界军事强国均重视毁伤效果评估标准的建设,尤其美军毁伤效能评估研究方面起步较早。

美军在目标易损性与毁伤效果评估标准研究方面已经形成了较为完善的成果,明确了主要作战目标的毁伤等级和相应评判标准。

(1) 美军毁伤效果评估标准

美军目标条令认为,目标毁伤效果评估标准是对目标毁伤有效性进行的衡量,这种衡量应是有意义的、可靠的,还必须是可辨别或是能够进行推断的,如图 5-6 所示。

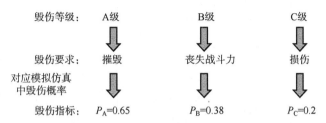

图 5-6 美军毁伤效果评估标准范例

从美军《联合弹药效能手册》中可以看出美军毁伤效果评估标准分为 ABC 三个等级,对应模拟仿真中毁伤概率 $P_A=0.65, P_B=0.38, P_C=0.2$。

并且针对不同类型的目标评判毁伤等级的概率值也不同,针对不同目标的特性,毁伤指标可能做出一定的调整。

例如,以装有 3 个发射装置,30 m×60 m 的战役战术导弹发射阵地为例,其毁伤评估标准如表 5-1 所示。而对于桥梁,坦克营阵地等有不同的毁伤标准,如表 5-2 所示。

表 5-1 战役战术导弹发射阵地毁伤评估标准

目标类型	毁伤要求	毁伤等级	毁伤指标
战役战术导弹发射阵地 30 m×60 m (毁伤要素:3 个发射装置)	摧毁	A 类毁伤	毁伤目标概率:$P_A \geqslant 0.65$
	丧失战斗力	B 类毁伤	毁伤目标概率:$0.38 \leqslant P_B < 0.65$
	损伤	C 类毁伤	毁伤目标概率:$0.2 \leqslant P_C < 0.38$

表 5-2 桥梁、坦克营阵地毁伤评估标准

目标类型	毁伤要求	毁伤等级	毁伤指标
桥梁,12 m×500 m	摧毁	A 类毁伤	毁伤目标概率:$P_A \geqslant 0.35$
	丧失战斗力	B 类毁伤	毁伤目标概率:$0.25 \leqslant P_B < 0.35$
	损伤	C 类毁伤	毁伤目标概率:$0.1 \leqslant P_C < 0.25$
摩步营(坦克营)阵地 300 m×900 m (毁伤要素:30 辆坦克)	摧毁	A 类毁伤	毁伤目标概率:$P_A \geqslant 0.35$
	丧失战斗力	B 类毁伤	毁伤目标概率:$0.25 \leqslant P_B < 0.35$
	损伤	C 类毁伤	毁伤目标概率:$0.1 \leqslant P_C < 0.25$

(2) 俄军毁伤效果评估标准

俄罗斯在毁伤效果评估和应用工作方面开展也较早,并达到了较高的水平,在俄军《航空毁伤武器作战使用指南》中,目标毁伤标准是与目标类型、毁伤要求、毁伤等级、毁

伤指标和毁伤准则等相关。并且针对不同的打击目标,分别设置不同的毁伤要求、毁伤等级、毁伤指标以及毁伤准则,如表5-3所示。

表5-3 俄军典型目标毁伤评估标准

目标类型	毁伤要求	毁伤等级	毁伤指标	毁伤准则
战役战术单目标	摧毁	A类毁伤	毁伤目标概率 P_A: $0.8 \leq P_A \leq 0.9$	单个目标毁伤后恢复其功能需不少于7昼夜的时间
	压制	B类毁伤	毁伤目标概率 P_B: $0.6 \leq P_B < 0.8$	单个目标毁伤后恢复其功能需不少于1昼夜的时间
	损伤	C类毁伤	毁伤目标概率 P_C: $0.2 \leq P_C < 0.6$	单个目标毁伤后恢复其功能需不少于1小时的时间
陆上面(集群)目标	消灭(摧毁)	A类毁伤	平均毁伤目标百分数 $M_A \geq 0.5$	集群目标中不少于50%的单个目标被摧毁
	压制	B类毁伤	平均毁伤目标百分数 $M_B \geq 0.5$	集群目标中不少于50%的单个目标丧失战斗力
	瓦解(削弱)	C类毁伤	平均毁伤目标百分数 $M_C \geq 0.5$	集群目标中不少于50%的单个目标被损伤
海上单目标	摧毁	A类毁伤	毁伤目标概率 P_A: $P_A > 0.9$	海上目标将被击沉或在较长时间内丧失战斗力
	丧失战斗力	B类毁伤	毁伤目标概率 P_B: $0.6 \leq P_B < 0.8$	目标将丧失战斗力不小于30小时
海上集群目标	消灭(摧毁)	A类毁伤	平均毁伤目标百分数 $M_A \geq 0.7$	集群目标中平均70%的单个目标被摧毁
	压制	B类毁伤	平均毁伤目标百分数 $0.5 \leq M_B < 0.7$	集群目标中平均50%的单个目标丧失战斗力
	损伤	C类毁伤	平均毁伤目标百分数 $0.3 \leq M_C < 0.5$	集群目标中平均30%的单个目标丧失战斗力

2. 我军毁伤效果评估标准简介

我军的《目标毁伤与弹药效能评估标准》对毁伤效果评估标准给出的描述:毁伤效果评估标准主要着眼贯通作战目标保障与武器弹药效能试验鉴定两个领域,系统性规范目标功能毁伤等级、目标物理毁伤特征和武器弹药毁伤阈值等内容,通过建立三者之间映射关系,将目标毁伤与弹药效能、功能毁伤与目标识别、毁伤特征与毁伤阈值有机结合。

近年来,我军对于毁伤效果评估及其标准的研究与应用越来越重视,但相比美俄等军事强国,起步较晚。还存在很多值得关注的问题和技术瓶颈:各军种、各领域根据自身需求建立相关标准,没有形成统一标准规范体系,有较为零散的问题;对于毁伤信息收集、毁伤信息处理、毁伤模型等关键技术的研究还有待加强。

5.1.3 毁伤效果评估层次

如图 5-7 所示,毁伤效果评估要在 3 个层次上进行:目标要素层次(第一阶段战斗毁伤效果评估,即物理毁伤效果评估)、目标层次(第二阶段战斗毁伤效果评估,即功能毁伤效果评估)和目标系统层次(第三阶段战斗毁伤效果评估,即目标系统评估),这也是对目标确定步骤所采取的从"宏观"至"微观"分析路径的回溯。

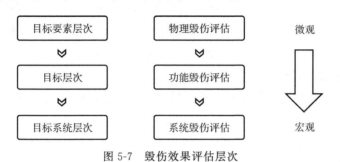

图 5-7 毁伤效果评估层次

1. 物理毁伤效果评估

物理毁伤效果评估是对计划打击或已打击的、构成目标的各组成要素可能或已经造成结构性的杀伤、破坏。

物理毁伤效果评估是目标毁伤效果评估的起点,通过物理毁伤判断功能及系统毁伤。

物理毁伤效果评估通常由①目标名称;②编号;③位置坐标;④毁伤部位;⑤毁伤等级;⑥毁伤等级判断可信度;⑦附带损伤等组成。

其中毁伤等级判断可信度如图 5-8 所示。

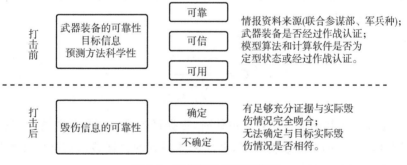

图 5-8 毁伤等级判断可信度

由于我军的毁伤效果评估理论中所关注的多是火力打击任务对目标的物理毁伤效果,因此在计算物理毁伤效果的方法上有诸多相对成熟的模型,其中以基于炸点信息的物理毁伤效果算法模型较为成熟。

该模型主要适用于因弹药爆烟或其他条件限制,无法准确观察到目标被打击后形状变化的情况。在用这种模型计算目标物理毁伤效果时,依据不同种类弹药的威力、目标特点以及它们之间的位置关系来进行判定。对某些目标来说,弹药必须命中它才可能造成物理毁伤效果,毁伤目标的概率依赖命中弹数 k;对另外一些目标来说,即使未被命中也可能造成物理毁伤效果,或命中它的某些特定部分才可能造成物理毁伤效果,而命中其他部分不会造成物理毁伤效果,毁伤目标的概率依赖炸点相对目标的坐标 (x,z)。

目标毁伤律就是描述毁伤目标概率依赖命中弹数 k 或炸点坐标 (x,z) 的函数关系式。依赖命中弹数 k 的目标毁伤律,记作 $G(k)$,常见的呈指数形式,称之为指数毁伤律。依赖炸点坐标 (x,z) 的目标毁伤律,称为坐标毁伤律,记作 $G(x,z)$。在陆军对地火力毁伤效果评估工作中,将这两种方法相结合,提出一种新的改进型指数算法,即在计算弹药对目标的毁伤程度时,既考虑命中弹数 k,又考虑炸点坐标 (x,z)。

2. 功能毁伤效果评估

功能毁伤效果评估是对计划打击或已经打击的单个目标,可能或已经造成的有效作战功能上的降低或破坏。

目标功能毁伤包括:

(1) 目标物理毁伤;

(2) 目标内部功能结构特点;

(3) 目标有效作战功能要求。

对获取单一信息源,一般直接采用毁伤效果判据模型来计算目标的功能毁伤效果。当目标毁伤信息来源较丰富即多信息源时,可以在单一信息源计算的功能毁伤程度的基础上,对多个单一的功能毁伤程度进行融合,得到多信息源的目标功能毁伤程度。

对单一信息源而言:对某目标进行毁伤打击之后,某一信息获取手段获取了 $1,2,\cdots,i(i\leqslant m)$ 个因素的功能毁伤情况。功能毁伤因素 $(1,2,\cdots,i)$ 对应的功能毁伤情况分别为 $(1_j,2_j,\cdots,i_j)$,所对应的功能毁伤程度分别为 $b_{1j},b_{2j},\cdots,b_{ij}(1_j,2_j,\cdots,i_j\leqslant n)$,则对该目标的功能毁伤程度 Q 为

$$Q = \frac{\sum_{t=1}^{i} a_t b_{tj}}{\sum_{s=1}^{i} a_s} \tag{5-1}$$

式(5-1)表示在进行功能毁伤效果评估时,根据目标毁伤信息获取情况,只考虑功能毁伤因素 $(1,2,\cdots,i)$ 的功能毁伤情况,针对未搜集到的目标毁伤信息的毁伤因素不进行评估,与实际情况基本相符。

3. 系统毁伤效果评估

系统毁伤效果评估是对计划打击或已经打击的由若干单个目标组成的目标系统,可能或已经造成的有效作战功能上的降低或破坏。

包括:

(1) 构成目标系统的各单个目标的功能毁伤情况;

(2) 目标系统内部的功能结构特点。

5.2 毁伤效果评估技术

当前我军的目标毁伤效果评估技术多以搜集信息和预处理为主,采取多种手段和技术并用,对原始信息进行"提炼"和"萃取"。

我军对于系统毁伤效果的判定一般是针对战场体系目标,根据在战术上有关联的各单一目标的毁伤信息及其战场目标价值,综合计算出该体系目标的系统毁伤程度。在以往对陆军火力打击行动的研究中,一般所说的目标都是单一、具体的目标。对于未来网信体系条件下的联合作战行动来说,更多地关心作战区域内的形成战术体系的目标群和整个作战区域的情况,希望对体系目标的系统毁伤效果做出科学的判断。为便于对系统毁伤效果进行计算和判定,可将作战区域内的目标划分为数个体系目标,每个体系目标由一个或多个单一目标与一个或多个集群目标组成。

设某体系目标 T 有 $M_1, M_2, \cdots, M_m$ 共 m 个单一目标组成,通过物理毁伤效果计算和功能毁伤效果计算后,得到各单一目标的功能毁伤程度分别为 $R_1, R_2, \cdots, R_m$,根据各单一目标的性质和在体系目标中的重要性、相关性,得到目标的价值分别为 $C_1, C_2, \cdots, C_m$。

令:

$$R = \left(R_1, R_2, \cdots, R_M\right)^{\mathrm{T}} \tag{5-2}$$

$$C = \left(C_1, C_2, \cdots, C_M\right) \tag{5-3}$$

则该体系目标 T 的系统毁伤程度为

$$R_T = CR = \left(C_1, C_2, \cdots, C_M\right)\left(R_1, R_2, \cdots, R_M\right)^{\mathrm{T}} \tag{5-4}$$

式中,R_T 为本次火力打击行动对体系目标 T 的系统毁伤效果在数值上的结果。

5.2.1 毁伤效果评估步骤

毁伤效果评估贯穿于作战过程的始终,从作战计划制定到最后的作战效果评估都应包含毁伤效果评估的内容。按照作战过程划分,毁伤效果评估的步骤可以总结如图5-9所示。

(1) 评估计划制定

联合部队指挥官制定总体评估计划,包括一套评估所需的情报(收集、处理与利用)架构,用以综合情报、监视和侦察资源的评估应用,同时还需明确各种情报收集、应用时限,以便有效地支持部队及时开展战斗毁伤效果评估。

(2) 毁伤效果评估信息收集

采用提交需求、处理需求的方式开展战斗毁伤效果评估信息收集,评估信息收集管理小组接收所有信息收集需求,并制定、发布评估信息收集计划,相关部队和部门按计划实施战斗毁伤效果评估信息收集活动。

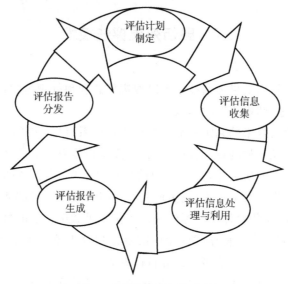

图 5-9 毁伤效果评估步骤

(3) 毁伤效果评估信息处理与利用

评估团队的各级情报分析人员和组成部队指挥机构相关人员,对收集到的评估信息进行融合处理,形成供生成评估报告使用的情报产品。

(4) 毁伤效果评估报告生成

司令部指定的战斗毁伤效果评估小组对前一阶段经处理和利用的评估信息进行分析处理,整理各种来源报告和做最后的评估,形成战斗毁伤效果评估报告。

(5) 毁伤效果评估报告分发

评估报告生成时,评估报告分发步骤就开始了,并终止于战斗毁伤效果评估小组收到确认信息(申请获得评估报告的单位、分队、指挥机构等确认已实际接收到)。

5.2.2 毁伤信息获取技术

获取及时、详细、准确的毁伤信息是后续火力毁伤效果评估工作的重要前提。通过综合采用多种信息获取与搜集手段,相互之间取长补短,才能提高生成毁伤效果评估结论的准确性。

(1) 目标信息获取方法

当前我军对目标毁伤信息获取的手段很多,如综合运用航侦、技侦、预警机、无人机、水面舰艇等侦察手段组织昼夜间侦察,卫星过境持续跟监实现对敌情重要态势目标实时显示等。但利用上述技术手段所采集到的只能称之为目标毁伤原始信息,采集到的信息的精度和可信度都存在一定的差异,需要经过预处理和算法模型的融合处理才能形成评估系统真正需要的目标毁伤信息。

图像传感器可以分为:
① 可见光相机:主要接收 0.4~0.7 μm 光谱范围。
② 长波红外相机:主要接收 8~14 μm 红外波段范围。
③ 短波红外相机:主要接收 1~3 μm 红外波段范围,主要利用反射光进行成像。
(2) 目标信息获取特点
① 可见光相机:
优点:颜色丰富、易提取特征、成本低,被动感知,隐蔽性好。
缺点:易受光照、烟雾等影响,成像不稳定,不能直接测量距离。
② 长波红外相机:
优点:不受光照影响,可夜间成像,识别物体温度差异。
缺点:特征不丰富。
③ 短波红外相机:
优点:具有可见光成像特性,特别适合发现伪装目标。
缺点:结构复杂,成本高。

5.2.3　毁伤信息处理技术

原始信息是我军侦察平台所直接获取到的目标毁伤情况,它是对目标毁伤情况最初步、最直接的描述,需要经过毁伤效果评估系统的处理,才能作为目标毁伤效果信息传输给毁伤效果评估机构。

以像素级信息融合技术为例,也称为数据融合,即直接对多个相同或不同类型的传感器平台的采集到的目标毁伤原始信息进行综合和分析,以求得到对目标真实状态及其属性最大限度地确定。该技术是目标毁伤信息处理技术的最初级层次,如各类光成像传感器中通过对包含若干像素的模糊图像进行图像处理和模式识别来确认目标属性的过程就属于像素级融合。该技术一般用于进行多源图像复合、图像分析及理解、多传感器数据融合的卡尔曼滤波等,其优点在于能够保留尽可能多的目标毁伤现场数据,提供其他融合层次所不能提供的细微信息。局限性在于它是在原始的目标毁伤信息的最底层实现的,要处理的目标毁伤原始信息量比较大,要求进行预处理的传感器平台或附属设施应当具备较高的纠错处理能力,需要具备较高的校准精度,对评估系统平台及其附属设施的性能要求较高。

按数据抽象层次可分为:数据级融合、特征级融合、决策级融合。

(1) 数据级融合

最低层次的融合,直接对传感器的观测数据进行融合处理,然后基于融合后的结果进行特征提取和判断决策,如图 5-10 所示。

主要优点:
① 只有较少数据量的损失,并能提供其他融合;
② 层次所不能提供的其他细微信息,所以精度最高。

主要局限性：
① 处理代价高，处理时间长，实时性差；
② 需要较高的纠错处理能力；
③ 要求传感器是同类的；
④ 数据通信量大，抗干扰能力差。

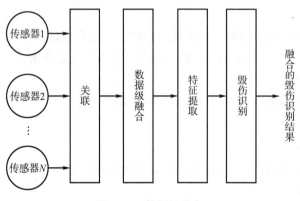

图 5-10　数据级融合

（2）特征级融合

属于中间层次的融合。先由每个传感器抽象出自己的特征向量融合中心完成的是特征向量的融合处理（边缘、方向、速度等），如图 5-11 所示。

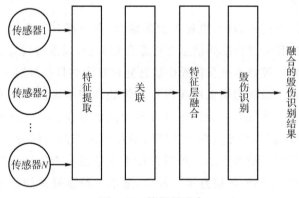

图 5-11　特征级融合

主要优点：
① 可观的数据压缩；
② 通信带宽要求小；
③ 有利于实时处理。

主要不足：
① 损失一部分有用信息；
② 融合性能降低。

特征级融合可划分为目标状态信息融合和目标特征信息融合两大类，目标状态信息融合主要用于多传感器目标跟踪领域,数学方法包括卡尔曼滤波理论、联合概率数据关联、多假设法、交互式多模型法和序贯处理理论。目标特征信息融合实际属于模式识别问题,数学方法有参量模板法、特征压缩和聚类方法、人工神经网络、K阶最近邻法等。

(3) 决策级融合

如图 5-12 所示为一种高层次的融合,先由每个传感器基于自己的数据做出决策,然后在融合中心完成的是局部决策的融合处理。

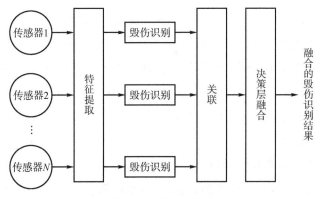

图 5-12　特征级融合

决策级融合是三级融合的最终结果,是直接针对具体决策目标的,融合结果直接影响决策水平。这种处理方法数据损失量最大,因而相对来说精度最低,但其具有通信量小,抗干扰能力强,对传感器依赖小,不要求是同质传感器,融合中心处理代价低等优点。常见算法有 Bayes 推断、专家系统、D-S 证据推理、模糊集理论等。

特征级和决策级的融合不要求多传感器是同类的。另外,由于不同融合级别的融合算法各有利弊,所以为了提高信息融合技术的速度和精度,需要开发高效的局部传感器处理策略以及优化融合中心的融合规则。

随着人工智能尤其是深度学习技术在图像处理与目标识别领域的快速发展,采用深度学习技术,基于图像的毁伤信息处理技术成为热点,效果如图 5-13 所示。

图 5-13　基于图像的毁伤信息处理技术

传统图像处理算法进行的目标检测需要设计特征并选择合适的分类器,但是这种算法运算量较大,而且识别目标种类有限,如 SVM 分类器只能进行正、负样本的分类,如果要同时识别车辆和行人两种目标,必须使用两个分类器,增加了算法的运算量,难以满足算法实时性。另外,手工设计的传统图像特征在 HOG 特征和 DPM(Deformable Part Mode,可变形组件模型)特征之后发展相对停滞,一直不能在准确率上取得进一步的突破,直到卷积神经网络(CNN)的提出。

2012 年有学者首次在目标识别领域应用深度卷积神经网络,这一具有突破意义的实践将 ImageNet 数据集中分类准确率提高了大约 10%。他们将卷积神经网络进一步加深加宽,以实现更复杂的目标识别,此外开创性地应用了 ReLU 激活函数、最大值池化方法,并设计了 Dropout 训练方法、局部响应归一化(Local Response Normalization,LRN)层使参数传递更加迅速有效。这些方法的应用使对更深更宽网络的训练得以实现,证明了深度学习的潜力和优势。

当前,基于图像的障碍物检测算法已经发展得较成熟了,大致可以分为一阶段检测算法和二阶段检测算法。一阶段检测算法有 YOLO 和 SSD 等,二阶段检测算法则主要是 RCNN 这一流派。当前的二阶段检测算法大多是在 FasterRCNN 基础上的改进。两种检测算法相比,一阶段算法的速度是快于二阶段算法的,而在准确度上,二阶段算法更胜一筹。

5.3 毁伤效果评估方法

相对于西方主要军事强国尤其是美军,我军对目标进行毁伤效果评估理论的研究起步较晚,形成的成果相对有限,当前常用的目标毁伤效果评估方法主要有毁伤树评估法、贝叶斯网络评估法、效能衰减函数评估法等。

5.3.1 毁伤树评估法

毁伤树评估方法与装备可靠性评估中的故障诊断评估类似,沿用了可靠性评估中的故障树概念,来源于贝尔电报公司的故障树分析法,基于演绎分析法,先确定目标的关键部件以及它们与目标结构和功能间的关系,据此建立目标在特定毁伤等级下的毁伤树,并在此基础上实现战斗部打击目标的毁伤效果评估。

1. 毁伤树基本概念

毁伤树由顶事件、中间事件、底事件以及逻辑符号组成。其中,逻辑符号包括"与""或""非"等逻辑关系。毁伤树分析方法中,各种毁伤状态统称为毁伤事件,并分为原因事件与结果事件。原因事件指导致其他事件发生的事件,总是位于树底端,一般分为基本事件和未探明事件,基本事件指那些无须再探明其发生原因的底事件,未探明事件指那些原则上应进一步探明其原因的事件。而结果事件指由其他事件或事件组合所导致的事件,分为顶事件和中间事件,顶事件总位于树的顶端,只是毁伤树逻辑门的输出事件而不是输入事件,中间事件既是某个事件的结果事件又是某个事件的原因事件。不同事件用不同符号表示,如图 5-14 所示,圆形符号表示基本事件,菱形符号表示未探明事件,椭圆表示顶事件,长方形表示中间事件。

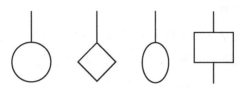

图 5-14　毁伤时间与符号表示

逻辑门用来描述毁伤树中各毁伤树事件间的逻辑关系。逻辑门类型很多,而基本的 4 种是"与门""或门""非门"和"表决门"。与门表示仅当所有输入事件发生时,输出事件才发生;或门表示至少有 1 个输入事件发生时,输出事件才发生;非门表示输入事件是输出事件的对立事件;表决门表示当 n 个输入事件中有 k 个或 k 个以上事件发生时,输出事件才发生。4 种逻辑门的符号表示如图 5-15 所示。

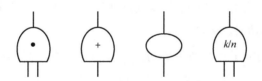

图 5-15　逻辑门与符号表示

毁伤树的建立主要有定性分析与定量计算两种方式,定性分析是对系统毁伤进行分解,细化到具体物理毁伤,每一底事件表示一个顶事件可能的物理毁伤。定量计算是指通过相邻两级的逻辑关系估计上一级的毁伤概率,逐级向上得到顶事件的毁伤概率。若毁伤树由 n 个底事件,毁伤概率分别为 $\lambda_i(i=1,2,\cdots,n)$,顶事件 T 的毁伤概率 $\lambda(T)$ 如下:

当对应底事件的逻辑关系为"与"时,

$$\lambda(T) = \prod_{i=1}^{n} \lambda_i \tag{5-5}$$

当对应底事件的逻辑关系为"或"时,

$$\lambda(T) = \prod_{i=1}^{n} (1-\lambda_i) \tag{5-6}$$

我军基于毁伤树的目标毁伤效果评估的步骤分为五步：一是先将目标按功能的不同分为若干个功能系统；二是对目标功能系统和部件的毁伤效应进行分析，确定出目标关键部位；三是分析目标的各毁伤等级，并将关注的毁伤等级作为毁伤树的顶事件；四是结合目标关键部件的毁伤状态，找出导致目标毁伤至该等级下的根本原因，获取相应基本事件(低事件)；五是将分析出的底事件用适合的逻辑门向上与顶事件相连，并得到毁伤树。该方法较适用于结构复杂、用途多样的目标的毁伤效果评估。

2. 某型坦克毁伤树构建

坦克在战场上的三大基本功能是火力、机动和防护；在信息化内涵条件下，现代坦克的指挥、控制、通信功能也非常重要；乘员是操控坦克实施这些功能的基本要素；车体起到连接各子系统的作用。为此，可把坦克划分为运动功能、火力功能、控制功能、通信功能、乘员功能和防护功能6个功能子系统。

1) 运动功能系统

运动功能是坦克最基本的功能之一。运动功能子系统主要包括动力功能子系统、传动及操纵功能子系统和行动功能子系统，其功能是产生动力，实现车辆的机动性，使坦克行驶时具有直线行驶快速性、转向灵活性、越野通过性和行驶最大行程等优良性能。

(1) 动力功能子系统由发动机本体及其燃油供给系统(含燃油箱)、润滑系统、冷却加温系统、排气系统和起动系统等组成。

(2) 传动及操控功能子系统的主要功能有：① 传递或切断发动机至主动轮的动力；② 改变坦克运动时的牵引力和速度；③ 实现坦克的前进、倒驶、转向、制动和停车；④ 带动冷却系的风扇、空气压缩机和助力油泵工作；⑤ 启动发动机。某型坦克的传动方式为机械式传动，由弹性联轴节、齿轮传动箱、主离合器、变速箱及风扇传动装置、行星转向器及其操纵装置和侧减速器组成。

(3) 行动子系统是指保证行驶、支撑车体、减小坦克在各种地面行驶中颠簸与振动的机构与零件的总称，由履带推进装置和悬挂装置两部分组成。

2) 火控功能系统

火力系统的功能是压制、消灭敌坦克装甲车辆、反坦克兵器及其他火器，摧毁敌野战工事，歼灭敌有生力量，主要包括坦克炮、坦克机枪和弹药。

该型坦克的坦克炮由炮身、炮闩、发射装置、摇架、耳轴、防危板、反后坐装置、高低机、方向机、平衡机和自动装弹机组成。12.7 mm 高射机枪主要用于歼灭俯冲的敌机和空降目标。配备的弹药主要由尾翼稳定脱壳穿甲弹、125 mm 榴弹和破甲弹。

3) 控制功能系统

控制系统的功能是控制坦克武器的瞄准和射击,缩短从射击准备工作开始到实施射击之间的时间,提高对目标的命中概率,包括观测瞄分系统、火炮控制分系统、计算机及传感器分系统。

(1) 观测瞄分系统使坦克在各全天候的条件下,具有迅速捕捉目标、准确测定其距离并进行精确瞄准的能力,主要由光学瞄准镜、夜视和夜瞄装置、激光测距仪、光学观察潜望镜及其他各种组合形式的光学仪器构成。

(2) 火炮控制系统用于保证坦克在各种地形条件下,炮手很容易地操纵火炮,瞄准角不受车体振动等因素的影响,主要由火炮稳定及控制装置组成。该型坦克采用双向稳像式火控系统,主要由操纵台、炮控箱、电动机扩大机控制盒、陀螺仪组、线加速度传感器、车体陀螺仪、调炮器、炮塔方向机、垂直向稳定器电液伺服系统、起动配电盒和角度限制器等组成。

(3) 计算机及传感器分系统对影响火炮射击精度的多种因素进行测定、计算和修正最大限度地发挥坦克火炮的威力,由火控计算机及目标角速度、火炮耳轴倾斜、炮口偏移等传感器组成。

4) 通信功能系统

坦克通信包括车际通信和车内通信,车际通信是指车与车之间的通信以及车与地面指挥所之间的通信,车内通信是指车内乘员之间,也包括车内乘员与车外搭载兵之间的通信联络,还包括停止时车辆之间的有线通信联络。

该型坦克通信系统由电台、保密单元、跳频单元、车内通话器、数据适配器、数据终端及加载器等部分组成。

5) 乘员功能系统

某型坦克由于装配了自动装弹机,因此只有 3 个乘员,包括 1 个车长、1 个炮长和 1 个驾驶员。车长主要负责全车的指挥、通信和搜索目标;炮长主要负责搜索、观察目标和射击、调炮;驾驶员负责坦克驾驶。

6) 防护功能系统

坦克防护功能系统主要用于保护乘员及设备免遭或降低反坦克武器的毁伤。坦克主要防护种类有装甲防护、伪装与隐身、综合防御、二次效应防护和三防。与此相对应,坦克防护功能系统主要包括车体装甲、炮塔装甲、三防装置、灭火抑爆装置、潜渡装置和烟幕装置。

目标功能毁伤树最终用于分析计算毁伤度量指标,树图中包括所有为实现特定功能必需的关键部件,为了从毁伤树中获得功能度量,用由顶端到底端的顺序方式对其进行逻辑布尔运算,对于以串联方式构成的毁伤树,只要毁伤其中任一部件,即可导致毁伤树路径中断;而对于以并联方式构成的毁伤树,则必须毁伤其中的所有部件才能使毁伤树路径中断,而一旦中断,就表示该部件导致了毁伤。因此,对于某类特定的毁伤,如果毁伤树图中不存在由上而下的连续路径,即定义为一个毁伤等级。

根据坦克功能子系统结构及功能特征分析,以控制功能子系统、运动功能中的动力功能子系统和某发弹药子系统为例,在深入分析部件对各子系统功能影响模式与程度的基础上,确定出关键部件和各关键部件之间的逻辑关系,可分别构造各功能子系统毁伤树如图 5-16、图 5-17、图 5-18 所示。

传统毁伤树分析方法通常用逻辑门描述部分静态毁伤状态,但对于毁伤机理较为复杂的系统,传统毁伤树难以刻画整个系统的静态毁伤状态,也无法对实际毁伤过程中的时序性、相关性、顺序性和冗余性等动态特性进行分析。因此产生了动态故障树以及结合贝叶斯网络的毁伤效果分析方法。

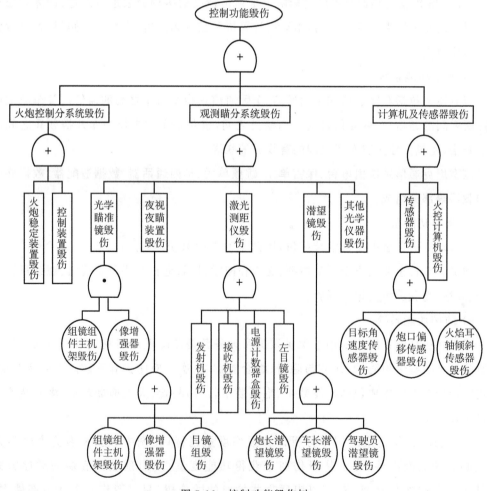

图 5-16 控制功能毁伤树

第 5 章 火力毁伤效果评估技术

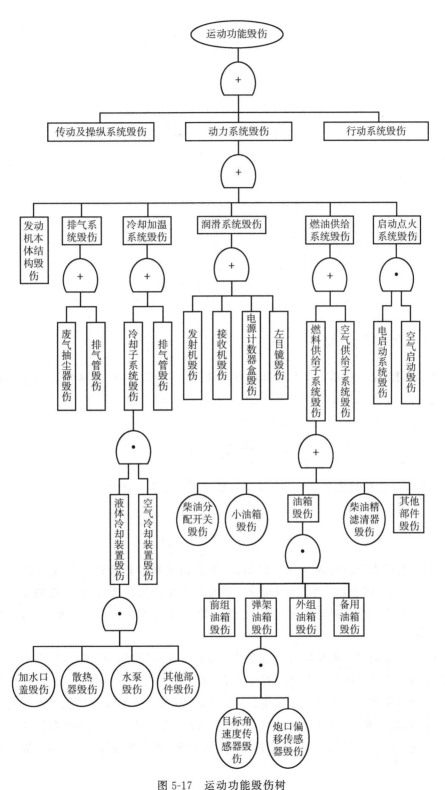

图 5-17 运动功能毁伤树

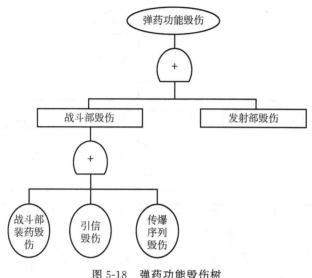

图 5-18 弹药功能毁伤树

5.3.2 贝叶斯网络评估法

贝叶斯网络是一种基于概率的推理方法,以 $A_i(i=1,2,\cdots,n)$ 表示影响事件 B 发生的事件;$P(A_i)$ 表示先验概率,$P(B|A_i)$ 为条件概率,即在 A_i 发生的情况下,事件 B 发生的概率。因此,事件 B 发生的概率为

$$P(B) = \sum_{i=1}^{n} P(A_i) P(B|A_i) \tag{5-7}$$

$P(A_i|B)$ 为后验概率,即在 B 发生的情况下,A_i 发生的概率。

$$P(A_i|B) = \frac{P(B|A_i) P(A_i)}{P(B)} = \frac{P(B|A_i) P(A_i)}{\sum_{i=1}^{n} P(A_i) P(B|A_i)} \tag{5-8}$$

贝叶斯网络用于目标毁伤效果评估,首先要通过对目标特性和遭受打击力度的分析,确定节点变量和节点关系,而后构建出贝叶斯网络的拓扑结构,通过参数学习和专家系统分析确定节点的局部概率分布表,最后利用贝叶斯网络的推理功能,对目标的毁伤效果进行评估。

现阶段我军侦察装备获得的战场情报大多是目标的物理毁伤情报,然而多数目标的物理毁伤与毁伤效果不存在直接的对应关系,这就导致战场情报对于目标毁伤效果评估在准确度上存在偏差。为了消除这些负面因素,采取贝叶斯网络评估法对目标的毁伤效果进行评估,由不准确性特性的初始信息出发,使用概率数值表示并动态交互计算各种不确定论据,并充分利用丰富的整体情报、示例情报、初始情报等,计算得出最终的评估结论。

5.3.3 效能衰减函数评估法

目标效能衰减是对毁伤程度的映射,是基于目标物理毁伤信息的函数。目标的作战效能衰减程度是一个模糊量,可以用隶属度表示,这个隶属函数常取指数函数形式,即

$$\frac{u_0(x)-u(x)}{u_0(x)}=\alpha\exp\{\beta P(x)\} \tag{5-9}$$

式中,$u(x)$ 是效能衰减函数;$u_0(x)$ 是目标出事效能值;$P(x)$ 是目标物理毁伤信息;α、β 是常数,它的取值与指标选取和评估需求成正向相关。

运用效能衰减函数法时,必须基于明确的目标效能衰减和目标物理毁伤程度之间的映射关系和成熟的毁伤指标。

本章主要介绍了毁伤效果评估的基本概念、毁伤效果评估技术及毁伤效果评估方法,重点以某型坦克为例,讲解了如何用毁伤树评估方法对坦克目标的毁伤效果进行评估分析。随着装备技术及作战理论的迭代更新,毁伤效果评估技术也在不断地快速发展。

思考与练习

1. 常用的毁伤效果评估模型有哪些,分别包含哪些内容?
2. 尝试构建 04A 步兵战车火控部分的毁伤树?
3. 查阅资料文献,看看最新的毁伤信息收集方法还有哪些?

第 6 章 基于多智能体的规划技术

前面章节讲述的是基于模型和计算的火力规划技术,而随着 AlphaGo 的横空出世,深度强化学习技术随之成为研究热点,基于多智能体的规划技术成为作战领域辅助决策的另一种技术思路,也更加契合智能化作战的特点。作战指挥实质上是敌我双方指挥员指挥所属诸军兵种实体展开博弈对抗的过程,某种意义上可以认为是敌我双方指挥员在一个广义的棋盘上进行博弈。

基于多智能体的决策规划技术核心就是在仿真系统中利用多智能体计算推演这种博弈过程,通过迭代作战过程不断训练优化指挥决策智能体,从而不断提升它的实时规划能力,最终达到能够为作战指挥员提供辅助决策的目的。

6.1 多智能体规划技术

6.1.1 发展现状

近年来,深度强化学习(Deep Reinforcement Learning,DRL)在解决序贯决策问题上表现出了强大的性能和优势,已广泛应用到优化调度、机器人控制、智能驾驶、机器视觉、生物医学和游戏博弈等领域,并被视为是迈向通用人工智能(Artificial General Intelligence,AGI)和具身人工智能(Embodied Artifical Intelligence,EAI)的重要途径。DRL 是一种可将原始环境状态输入直接映射为动作决策输出的端对端的学习方式,其利用深度学习(Deep Learning,DL)实现对原始低层特征输入的非线性变换,形成抽象、易于后续任务理解的高层表示,使"具有自主感知、自主决策和自主行动能力的学习实体"(智能体)具备对环境的抽象和表达能力;同时,利用强化学习(Reinforcement Learning,RL)通过最大化智能体在环境中获得的长期累积回报,学习对特定任务的最优策略,使智能体具备探索和决策能力。

伴随着深度学习、强化学习等机器学习算法相关理论与技术的持续推进和成熟应用,人工智能技术正加速向军事领域渗透,深刻影响着军事智能化发展的进程。军事对抗环境下的智能决策研究是实现智能化战争中精确化指挥筹划和无人集群协同博弈智能的关键。

多智能体深度强化学习(MADRL)有效探索了智能体在群体形态下自主协同、通信交流和角色贡献等一系列的高级机器群体智能特性,为合作类任务中无模型的多智能体协同序贯决策问题提供了一种端对端的解决方案。

以 AlphaStar 为代表的智能博弈技术在即时战略类游戏星际争霸 II 中战胜人类顶级选手,宣告以 DRL 为基础的数据驱动方法在解决机器博弈这一 AI 领域最具挑战性的问题上取得突破,促进了 DRL 在作战自主决策、作战规划和指挥控制等军事领域的创新应用。基于 DRL 的作战决策智能体就是利用以 DRL 为主的 AI 技术,通过对战场环境的感知和与对手的博弈对抗,训练出具有从感知到决策的博弈对抗策略模型,实现战场对抗环境下战场态势到对抗行动的映射。例如,美国海军研究生院的 Boron 和 Cannon 在一种具有多种作战单元和地形的军棋环境下,利用 DRL 探索了不同小型战术场景下所需的最优战术行为,并将其应用于作战方案的验证和军事训练;兰德公司的 Tarraf 以美俄部队之间的连级作战为背景,利用 DRL 在地面作战游戏上探索了具有自主探测、识别和打击能力的 AI 武器系统如何有效运用的问题;美国的 DARPA 采用分层 DRL 方法,提出了一种视距内一对一空战缠斗智能体,在包含 F-16 三代战机飞行动力学模型的高保真 JSBSim 模拟环境下击败美国空军 F-16 武器教官课程的一名毕业生,并取得了美国国防高级研究计划局 AlphaDogfright 试验锦标赛的第二名;我国兵器工业集团李理针对地空协同作战,提出了一种基于多智能体深度强化学习的地空协同作战决策模型,并在墨子仿真推演平台上验证了其有效性;国防科技大学施伟提出了一种基于 DRL 的多机协同空战决策流程框架,并利用多种算法增强机制,有效提升了决策框架的性能;江苏自动化所的郭洪宇针对潜舰机博弈对抗场景,从 DRL 和规则推理两个方面构建潜艇智能体,实现了潜艇在对抗过程中的智能决策;陆军边海防学院的徐志雄针对陆军装甲分队博弈对抗问题,提出了一种基于元 DRL 的智能博弈对抗决策模型和优化框架,为陆军装甲分队指挥提供了决策建议;西北工业大学的孔维仁为解决多无人机近距离空战机动决策问题,提出了一种基于 DRL 与自学习的多无人机近距离空战机动策略生成算法,并通过自编码器对状态空间进行压缩,提高了策略学习效率。

6.1.2 技术框架

深度强化学习(DRL)是一个有助于发展机器人自学习能力的框架,是人工智能中机器学习(ML)的一个子领域。在学习过程开始时,智能体优选选择的初始策略将指示智能体在当前状态下采取行动。agent 与环境的交互提供了一个奖励信号,agent 将进入下一个状态。这里,奖励信号是由各自领域专家预先设计的。agent 根据获得的奖励信号更新策略。此 agent 与 environment 交互生成当前状态的轨迹、在该状态下执行操作、接收奖励信号、智能体过渡到下一个状态以及策略更新,整个过程将以循环的方式重复进行。

智能体通过感知并与来自外界环境的各种环境信号进行动作交互从而决定完成当前某一个工作任务。这里讲的外界环境条件(Environment)主要是指各种能随时受到该智能体控制的行为动作变化而能产生相应反应,并同时给出相应行为反馈结果的各类外界环境因素的信息总和。对于一个智能体系统来说,它能通过感知外界环境信息的当前状态特征(State)信息而最终产生决策行为动作结果(Action);对于环境来说,它只是从某一个初始状态 s_1 开始,通过接受智能体的动作指令来动态实时地改变其自身工作状态,并以此给出环境相应阶段的奖励(Reward)的信号。

现在仅是从概率角度来去简单描述强化学习的过程,里面包含了如下 5 个最简单基本的对象:

(1)状态 s 反映表现出了环境状况下的状况特点,在时间戳 t 上的状况记录即为状态空间 s_t,它本身也可以简单看成是最接近原始状态的视觉图像、语音波形等状态信号,也可被视为是对最高层状况进行抽象化处理过后状况下的状况特点,如小车正常行驶下的瞬时速度、位置变化等状况数据,所有这样的(有限)状况都构成了另一个状态空间 s。

(2)动作 a 是一种智能体所采取的一种行为,在时间戳 t 上的动作状态被记之为时间 a_t,可以认为是时间向左、向右转动等的离散的动作,也可以看做是动作力度、位置变化等的连续的动作,所有这样的离散(有限)时间动作便构成了一个动作空间 A。

(3)策略 $\pi(a|s)$ 代表建立了对一个智能体决策的模型,接受决策的输入的信号为状态信号 s,并可以由此推导出给出接受决策信息后的执行动作的概率分布 $p(a|s)$,满足

$$\sum_{a \in A} \pi(a|s) = 1 \tag{6-1}$$

(4)奖励 $r(s,a)$ 是指表达了环境在状态 s 时接收到了某个动作 a 的刺激信息后所能给出的一个反馈的激励信号,一般都认为它是一个标量值,它在某种或者一定程度反映表现某一个动作的好与坏,在时间戳 t 上的所获得反馈的激励信号记录之和为 rt。

(5)环境状态的转移概率 $p(s'|s,a)$ 表达出了环境模型状态的变化分布规律,即处于当前状态 s 的环境模型在接受环境动作信号 a 后,状态改变概率为 s' 的概率分布,满足

$$\sum_{s' \in S} p(s'|s,a) = 1 \tag{6-2}$$

具体流程如图 6-1 所示。

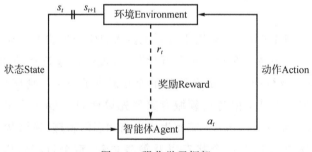

图 6-1　强化学习框架

基于 MADRL 的决策方法相较于传统决策方法,在解决可抽象为多智能体协同的问题上具有优势,但在解决军事领域的智能决策问题时,易受有限观测信息、稀疏反馈信号、复杂动态环境和巨大决策空间等因素的影响。因此,针对地面突击分队指挥决策问题的智能体应用,在考虑如何设计经典 DRL 中 5 个关键对象的同时,还要考虑多智能训练框架以及如何有效处理时序冗余和不相关通信信息带来的影响,获得更加稳定和精确的联合行为值函数估计。

6.2 指挥决策智能体设计

指挥决策智能体是实现智能决策与规划的关键要素。为此,针对地面突击分队指挥决策智能体进行了针对性的设计与训练,具体包含决策架构设计、智能体状态和动作空间设计、奖励函数设计、策略网络架构搭建、分布式训练、策略寻优算法等部分。

6.2.1 决策架构设计

地面作战最为复杂,装备机动和打击都涉及连续且高维的动作空间,例如,机动涉及装备油门和移动方向角度等连续动作空间,打击涉及火炮高低角、方位角等连续动作空间以及是否开火等离散动作空间。同时,地面突击作战是一个典型的多要素、超级复杂的合作类任务。在协同作战过程中,以对抗双方各 12 个作战单元为例,将火炮高低角、方位角控制以及是否开火等细粒度的动力学基础动作抽象为宏观粗粒度的打击动作,则打击动作的决策空间量级为 $13^{12} \approx 2 \times 10^{13}$,若直接考虑火炮高低角、方位角控制等连续动作,则决策空间将直接呈指数增长,难以估量。因此,对于复杂系统和复杂任务,特别是当大规模群体面临协同等复杂任务时,随着群体规模和问题复杂度的提升,现有的端对端的学习模型或规则经验知识都将难以完备覆盖整个复杂群体动作的超大解空间。此时,一个合理的面向任务的智能决策架构将尤为重要。

地面突击作战主要是依据战场环境态势,对战场形势做出判断,输出每个作战单元的作战行动策略。具体到每一个作战单元来讲,作战行动是其动力学基础动作的宏观表现。因此,如图 6-2 所示,实验提出了一种面向地面突击作战的自上而下的双层智能决策架构,依据动作颗粒度的粗细将装备的行动分为不同层级,下层的决策和控制权来自其上层的指令输出,从而降低问题求解的复杂度。具体来讲,将地面突击作战的行动分为"任务层"和"执行层"两级,"任务层"主要是刻画宏观任务需求,根据战场态势数据生成能够反映作战分队协作的机动和打击等宏观作战指挥行动策略;"执行层"是对"任务层"指令的响应,具备自主行动响应能力的装备通过动力学基础动作实现"任务层"指令,主要表现为局部路径规划、避障、调炮、开火、感知等单体装备行动。

基于深度强化学习等数据驱动的方法无需精确建模且能够实现庞大解空间的大范围覆盖和探索,而基于机理模型、先验或规则等知识驱动的方法往往对确定、低维的任务具有良好的表现,因此,实验在面向地面突击作战时,"任务层"采用基于数据驱动的方法,"执行层"采用基于知识驱动的方法,从而实现对整个作战过程中不同粒度任务的智能决策。

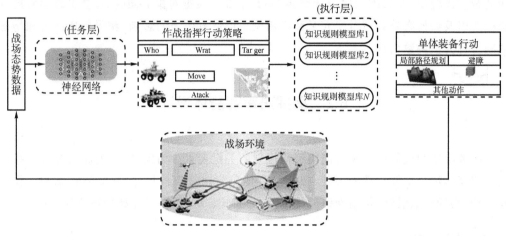

图 6-2　地面突击作战层智能决策架构

6.2.2　智能体状态空间和动作空间设计

在马尔科夫决策过程中,状态信息代表了智能体所感知到的环境信息及其动态变化,是 DRL 算法能够生成策略和评估累积回报的前提。实验主要选取标量信息和实体信息来描述状态空间。标量信息主要包含作战持续时间和剩余兵力价值等统计量信息。实体信息包括己方和敌方两部分,其代表了战场上每个作战单元的当前实际状态。己方实体信息包含己方所有不同类型的地面无人装备和无人机的信息,由于后方作战指挥车不直接进行作战,因此不列入己方实体信息中;敌方实体信息包含步战车、士兵、无人机的信息。由于战争迷雾的存在,作战双方只能获取各自侦察到的对方目标的部分实体信息。具体状态空间信息描述如表 6-1 所示。

表 6-1　状态空间信息描述

类别	状态信息	信息描述
实体信息	装备类型(Unit type)	突击无人车、步战车、无人机、士兵
	位置(Position)	绝对位置坐标$[x,y,z]$
	编号(ID)	实体单位的 ID 编号
	速度(Speed)	实体运动速度
	朝向(Direction)	实体运动方向
	视野(Field)	实体的最大侦察距离
	毁伤程度(Health)	完好、武器损毁、机动损毁、完全损毁

续表

类别	状态信息	信息描述
实体信息	武器信息(Weapon)	实体剩余的弹药类型、数量及射程
	归属(Owner)	己方、敌方
	能量(Energy)	剩余油量或电量
	可视列表(Visual list)	可以观测到的敌方 ID 编号
	冷却(Cooldowns)	打击冷却剩余时间
	警报(Alerts)	是否正在遭遇攻击{0,1}
标量信息	时间(Time)	作战持续时间
	兵力(Military_value)	己方剩余兵力价值
	防御阵地位置(Defensive position)	敌方防御阵地位置
	防御兵力数量(Defensive strength)	敌方兵力数量

地面突击作战的决策动作输出针对的是能够反映装备协作侦察、协同机动和协同打击的"任务层"宏观作战指挥动作,因此,本章采用复合动作的方式对动作空间进行描述,在保证智能体拥有探索完成任务解空间能力的同时降低探索的难度。每个复合动作都是离散且高度结构化的:首先是选择行为动作类型,例如,突击无人车的主要行为动作为机动和打击,无人机的主要行为动作是航线巡逻侦察和区域巡逻侦察;然后是选择己方作战单元的任意子集向目标发出该行动,其中目标可以是战场环境中的某个位置也可以是敌方的某个目标;此外,还需要选择相应的参数对行为动作进行进一步的描述,如最大速度、武器弹药、侦察范围等;最后将这些子动作组合成实体能够接收的动作指令,实现"任务层"的协同动作。具体动作空间描述如表 6-2 所示。

表 6-2 具体动作空间描述

动作头(子动作)	动作描述
动作类型选择(Action_type)	执行哪种动作。针对地面装备有机动 move、打击 attack 等;针对无人机有机动 move 等
单位选择(Units_select)	选择哪个己方单位[Unit_id]执行动作
目标选择(Targets_select)	目标代表战场环境中的某个位置[Target_x, Target_y, Target_z]或者是某个敌方单元[Target_id]
参数选择(Parameter_select)	表示其他用于描述行为动作的相关参数选择,如:侦察区域范围(Range)、最大速度(Max_speed)、武器(Weapon)
复合动作	动作描述
动作指令	针对地面装备有机动 move[Target_x, Target_y, Max_speed]、打击 attack[Target_id, Weapon]等;针对无人机有航线巡逻侦察 line[Target_x, Target_y, Target_z, Max_speed]、区域巡航侦察 circle[Target_x, Target_y, Target_z, Range, Max_speed]等

6.2.3 基于任务的奖励函数设计

奖励作为指导强化学习训练和策略优化迭代的关键因素,直接影响了智能体的训练是否能够收敛、收敛方向、训练效率以及最终性能表现。针对协同作战任务的特点,本章将奖励设置为终局奖励 r^T 和过程奖励 r^P。终局奖励 r^T 是对协同作战最终结果的描述,真正表明了地面突击作战的目标,当目标或任务完成时给予大额奖励 r_{win},未完成时给予大额惩罚 $-r_{\text{win}}$。因此,终局奖励 r^T 是一个非常稀疏的奖励,直接利用该奖励作为反馈信号不利于形成局部知识并为探索方向提供指导,难以学习到有效策略。

$$r^T = \begin{cases} r_{\text{win}}, \text{win} \\ 0, \text{process} \\ -r_{\text{win}}, \text{loss} \end{cases} \tag{6-3}$$

过程奖励 r^P 是对终局奖励 r^T 的塑造,其主要是针对不同作战装备的类型特点分别设置更加稠密的奖励函数,从而引导智能体进行决策并加速策略收敛,使其能够尽快地学习到一些有效的战术战法。例如,无人机主要负责侦察和监视,为鼓励其有效的侦察行为,每侦察到一个新的敌方作战单元,可获取一个与该目标价值成正比的局部奖励 $k_i v_i^h$,同时,因自身规避或其他行为造成已侦察目标的丢失将获得与该目标价值成反比的惩罚 $-k_j v_j^r$;地面装备主要负责打击,为鼓励其有效的打击行为,每命中或击毁一个敌方目标,可获得一个与该目标毁伤状态和目标价值成正比的局部奖励 $h_i v_i^h$,同时,在作战过程中被敌方目标命中或击毁,将获得一个与毁伤程度和装备自身价值成反比的惩罚 $-h_j v_j^r$。此外,为了鼓励己方所有作战单元协同作战,在尽可能短的时间内完成任务,提高作战效率,在过程奖励 r^P 中加入时间惩罚因子。

$$r^P = \left(\sum h_i v_i^h - \sum h_j v_j^r \right) + \left(\sum k_i v_i^h - \sum k_j v_j^r \right) - c(t_c - t_{c-1}) \tag{6-4}$$

式中,n_i 为被监视目标丢失的次数,t_c 和 t_{c-1} 分别为当前时刻和上一时刻的作战持续时间,c 为时间惩罚因子的权重系数,则某一时刻的最终奖励 $r = r^T + r^P$。由式(6-4)可以看出,过程奖励 r^P 为己方智能体提供了丰富的反馈信号作为引导,主要意图是在尽可能最小化己方战斗损失的情况下利用尽可能少的作战时间最大化敌方损失从而获取作战的胜利。虽然过程奖励 r^P 起到了引导智能体训练的作用,但其不可避免地引入了专家的先验知识,因此,在智能体训练达到一定阶段后,可直接使用稀疏的终局奖励作为奖励信号,鼓励智能体探索更佳的制胜策略。

6.2.4 策略网络结构

对输入信息的有效编码(表征)是实现智能体决策和后续策略优化的关键。首先,区分定长和变长的输入特征信息,对能够反映整个战场态势的全局标量信息、上一步智能体执行的动作和反映每个实体的属性特征信息进行特征提取和融合;然后,针对不完全信息的博弈对抗场景,使用 LSTM(Long Short Term Memory)网络构造推理模块,从而更好地利用历史信息进行决策。其中,网络框架分别使用注意力机制、多层感知器(MLP)和 Embedding 层对实体的属性信息、全局标量信息和智能体上一步执行的动作进行编码。在对实体的属性信息进行编码时,对己方和敌方两组作战单元进行独立编码。对于每组作战单元,使用同组内的实体特征向量作为多头自注意力模块的查询、键和值,生成组内实体编码特征;再使用组内的实体特征向量作为多头交叉注意力模块的查询和值,使用另一组多头自注意力模块的查询作为该组多头交叉注意力模块的键,生成组间实体编码特征。整个过程重复两次,以生成两组单元最终的组内编码特征和组间编码特征。将每组的组内编码特征和组间编码特征进行串接,得到每组的最终实体编码特征,该实体特征将作为注意力键进行单元选择或目标选择,也将通过平均池化压缩为一个长度固定的实体特征向量,并与全局标量信息的编码向量、上一步执行动作的编码向量进行串接表示为部分可观(可观测到的)的博弈状态的编码向量。进一步,考虑协同作战的时间跨度较长、时序依赖性强,容易造成梯度消息的问题,将博弈状态的编码向量作为 LSTM 网络的输入,得到考虑历史(时序)信息的编码向量(hidden state,隐藏层状态),以此提取更加高层的抽象语义特征,建立起长期决策相关性。

为解决高度结构化多头复合动作空间的逻辑关系和决策输出问题,使用自回归动作结构,使每个后续动作头的输出都以前一个动作头的输出为条件,从而将某一个状态下要做的一个 N 维动作决策问题转化为 N 个一维的动作序列进行处理。使用指针网络和注意力网络对作战单元和目标进行选择,将该动作头自回归网络的一个带残差结构的 MLP 层输出作为查询,将两组单元的最终实体编码特征作为注意力键,分别输出对作战单元和目标的采样概率分布。其他动作头的输出使用带有残差结构的 MLP 层串接 Softmax 层得到。

同时将整个作战空间划分为 $N \times M$ 个粗粒度区域,并将每一个编号的粗粒度区域定义为全局位置意图标签,以此有效减小策略的决策空间和作战智能体策略网络结构的大小。同时,为了指导强化学习的探索过程并提高训练效率,使用基于专家先验知识的动作掩模来屏蔽不合理的动作头输出,例如:①作战初期(开进阶段),敌方目标未被发现且不在有效射程内,己方作战单元以机动为主,打击动作应被屏蔽;②不具备打击条件的作战单元(处于打击冷却时间内或武器弹药为零)打击动作应被屏蔽;③无人车等地面作战装备对作战空间中某些区域(水域)不具备通行和到达能力。

6.2.5 分布式训练框架

为有效利用有限的计算资源训练作战决策智能体神经网络,设计了一种类似于 IMPALA 的基于 Actor-Learner 体系结构的大规模分布式采样训练框架,以实现高吞吐量的异步并行训练,有效加快训练效率(提高数据效率和计算性能)。具体来讲,采样训练框架由采样器、样本缓存器、学习器、参数服务器和控制器等组件构成,并运行在 Dockers 封装的 64 个 CPU 内核和 8 个 NVIDIA GPU 上。其中,采样器部署在 CPU 机器上,让 Actor 与采样器中运行的单个作战仿真环境进行交互以生成样本轨迹;学习器部署在 GPU 机器上,消费样本缓存器中的数据以训练网络参数。图 6-3 所示为采样训练框架完成一个完整训练流程的过程。

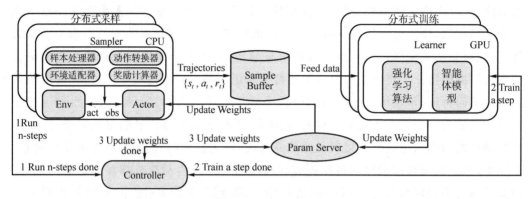

图 6-3 采样训练框架

第一步,控制器向采样器发出采样指令,多个采样器异步并行地通过各自的 Actor 与仿真环境持续交互生成大量轨迹样本,并将其存储到样本缓存器;

第二步,当样本缓存器中有足够的训练样本时,控制器向学习器发出训练指令,学习器消费缓存器中的一批样本数据进行梯度计算,以训练智能体神经网络模型,并将更新后的网络参数发送给参数服务器;

第三步,当该轮训练终止,控制器向参数服务器发出参数同步指令,参数服务器对采样器中 Actor 的网络参数进行同步更新;

第四步,重复上述过程,直至整个训练结束。

在上述过程中,不同于同步训练的方法,每个采样器按照各自的进度进行采样,即采样快的环境结束后先将采样数据存储到样本缓存器并立即开始下一轮采样,无须等待其他采样器,且采样器中的 Actor 只负责采样,不用于计算梯度,因此极大地提高了采样效率。此外,在采样阶段会遵循以下逻辑:①通过环境适配器获取当前的状态数据;②通过动作转换器将要执行的动作转化为仿真环境可接收的指令;③通过奖励计算器计算每一决策步的奖励;④通过样本处理器将状态数据、动作、奖励处理为样本数据。具体仿真环境调度过程如图 6-4 所示。

6.2.6 作战决策智能体学习算法

由于采用异步采样的方式进行训练,即新的轨迹样本由采样器生成,而学习器使用样本缓存器中的旧轨迹样本对模型参数进行异步更新,因此,该作战决策智能体学习问题实质上是一个 off-policy 的强化学习问题。尤其是在大规模 off-policy 的训练环境中,先前策略与当前策略的样本轨迹之间可能存在较大差异,若直接采用 on-policy 的强化学习算法对样本缓存器中的旧轨迹样本进行学习容易使策略模型产生较大的波动,甚至无法收敛。

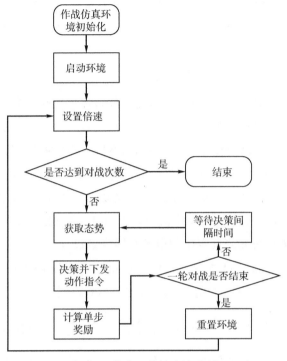

图 6-4　仿真环境调度流程图

为能够有效利用由于策略滞后造成的 off-policy 的数据样本对策略进行更新的同时保证训练的稳定性,采用一种更具原则性裁剪机制的 SARD-PPO 算法实现对 off-policy 数据样本的重用,并通过"元素级"的双端裁剪机制和整个策略轨迹的自适应调整重用来保证了算法的稳定性。其策略替代目标函数为

$$L_{\pi_c}^{\mathrm{SARD-CLIP}}(\pi) = E_{s \sim \rho^{\pi_{c-l}}, a \sim \pi_{c-l}} \left[L_{\pi_c, t}^{\mathrm{SRD-CLIP}}(\pi(a_t | s_t)) \right] \quad (6-5)$$

$$L_{\pi_c, t}^{\mathrm{SARD-CLIP}}(\pi) = \begin{cases} \min\left(\dfrac{\pi(a_t | s_t)}{\pi_{c-l}(a_t | s_t)} A_t^{\pi_c}, \mathrm{clip}\left(\dfrac{\pi(a_t | s_t)}{\pi_{c-l}(a_t | s_t)}, \dfrac{\pi_{c-l}^c}{\pi_{c-l}^c + \varepsilon}, \pi_{c-l}^c + \varepsilon \right) A_t^{\pi_c} \right), A_t^{\pi_c} \geqslant 0 \\ \max\left(\min\left(\dfrac{\pi(a_t | s_t)}{\pi_{c-l}(a_t | s_t)} A_t^{\pi_c}, \mathrm{clip}\left(\dfrac{\pi(a_t | s_t)}{\pi_{c-l}(a_t | s_t)}, \dfrac{\pi_{c-l}^c}{\pi_{c-l}^c + \varepsilon}, \pi_{c-l}^c + \varepsilon \right) A_t^{\pi_c} \right), bA_t^{\pi_c} \right), A_t^{\pi_c} < 0 \end{cases}$$

式中,π_{c-l} 表示距当前策略 π_c 的第 l 个先前策略,b 表示双端裁剪的下界参数,$A_t^{\pi_c} = A^{\pi_c}(s_t, a_t)$。与此同时,SARD-PPO 使用先前策略 π_{c-l} 在整个轨迹上偏离当前策略 π_c 的期望 φ_{c-l}^c 来自适应的调整是否使用先前策略 π_{c-l} 生成的旧样本对当前策略进行更新。

$$\varphi_{c-l}^{c} = E_{s \sim \rho^{\pi_{c-l}}, a \sim \pi_{c-l}} \left| \frac{\pi_c(a_t|s_t)}{\pi_{c-l}(a_t|s_t)} - 1 \right| = \frac{1}{T} \sum_{t=0}^{T-1} {}_{s \sim \rho^{\pi_{c-l}}, a \sim \pi_{c-l}} \left| \frac{\pi_c(a_t|s_t)}{\pi_{c-l}(a_t|s_t)} - 1 \right|$$

(6-6)

此外，针对在策略优化过程中，由于陆域战场的复杂性和奖励的稀疏性极易造成探索困难的问题，引入了策略熵的鼓励探索机制，增强智能体的探索能力。定义策略熵的计算方式为

$$H_t(\pi) = -\sum_{a_t \in A} \pi(a_t|s_t) \ln \pi(a_t|s_t)$$

(6-7)

则添加策略熵的 SARD-PPO 算法的策略替代目标优化函数为

$$L_{\pi_c}^{\text{HSARD}}(\pi) = L_{\pi_c}^{\text{SARD-CLIP}}(\pi) + E_{s \sim \rho^{\pi_{c-l}}, a \sim \pi_{c-l}}[H_t(\pi)]$$

(6-8)

作战决策智能体的值函数使用策略网络中 LSTM 的隐藏层状态信息作为输入，经一个 MLP 层得到。在此过程中，为减少值函数估计的方差，使用博弈状态下的全部信息，将隐藏的观测信息编码后，一同作为值函数的输入。使用带有截断重要性采样的 V-trace 方法实现对 $A^{\pi_c}(s_t, a_t)$ 的多步优势修正估计，并通过最小化 $V^{\pi_c}(s_t)$ 与目标值 $V_{\tau \sim \pi_{c-l}}^{\text{tr} \sim \pi_c}(s_t)$ 的均方差来更新当前策略的值函数网络参数 ω：

$$L^{V^{\pi_c}}(\omega_c) = E_{\tau \sim \pi_{c-l}} [\max[(V^{\pi_c}(s_t) - V_{\tau \sim \pi_{c-l}}^{\text{tr} \sim \pi_c}(s_t))^2, (\text{clip}(V^{\pi_c}(s_t), V^{\pi_{c-1}}(s_t) - \varepsilon,$$
$$V^{\pi_{c-1}}(s_t) + \varepsilon - V_{\tau \sim \pi_{c-l}}^{\text{tr} \sim \pi_c}(s_t))^2]]$$

(6-9)

$$V_{\tau \sim \pi_{c-l}}^{\text{tr} \sim \pi_c}(s_t) = V^{\pi_c}(s_t) + \sum_{j=0}^{N-1} \gamma^j \Big(\prod_{i=0}^{j} c_{t+i}\Big) \delta_{t+j}^{\pi_c} V$$

(6-10)

式中，$\delta_t^{\pi_c} V = \rho_t(r(s_t, a_t) + \gamma V^{\pi_c}(s_{t+1}) - V^{\pi_c}(s_t))$，$\rho_t = \min(\bar{\rho}, \pi_c(a_t|s_t)/\pi_{c-l}(a_t|s_t))$ 和 $c_t = \min(\bar{c}, \pi_c(a_t|s_t)/\pi_{c-l}(a_t|s_t))$ 为截断的重要性采样权重。

6.3　仿真实验

6.3.1　背景分析

地面无人突击分队城市要点夺控作战行动，是以联合岛屿进攻作战为战略背景，以岛屿城市进攻战斗为典型场景，以突击登陆集团已夺占登陆场为前提，地面无人突击分队作为岛上纵深攻击群前沿攻击营的城市要点夺控力量，担负夺控城市要点、开放城市通道、保障后续力量通过通道向纵深发展进攻的任务。

作战行动中，红方地面无人突击分队编配 1 个加强连级规模的有人/无人混编突击分队，以蓝方 1 个加强机步排在连的编成内遂行城市防御为战斗对象。蓝方加强机步排占领的城市要点是蓝方机步连甚至营防御体系的关键要害，直接关系其防御稳定，也关系到红方能否控制城市要点，开放城市通道，保障红方后续力量向纵深发展进攻。蓝方

机步连在营的编成内逃窜至 A 镇,占领了 A 镇及其周边要点的有利地形,企图坚守 A 镇政府大楼及其周边要点,控道设伏、扼守要点,阻止红方继续向纵深发展进攻,坚守待援。

红方设计"侦察驱警、突入一线防御阵地、夺控镇政府大楼"等战斗行动,蓝方设计"战斗警戒、防守一线防御阵地、坚守镇政府大楼"等战斗行动,形成分队级红蓝对抗想定,为验证有人/无人协同战斗理论、开展人、机、人机混合决策的有人/无人突击分队战斗能力测试和效能评估提供作战运用方案支持。此外,还以地面无人突击车排的无人机作为营侦察队空中无人侦察组为实验对象,形成无人机群侦察作业想定,支撑人、机、人机混合决策的无人机群侦察能力测试实验和效能评估。

6.3.2 实验思路

实验突破了传统作战仿真实验架构,以红、蓝双方指挥决策智能体和大规模并行算力为基础,增加智能体决策作战行动仿真实验环节,构建形成不断自演进的人机混合智能作战仿真实验体系。实验的总体架构如图 6-5 所示。

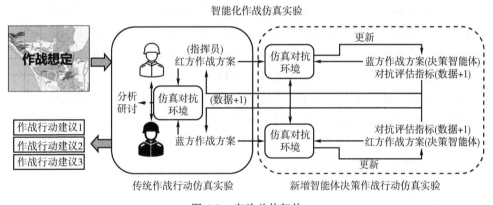

图 6-5 实验总体架构

实验起始于作战想定,并以红、蓝双方决策智能体生成为重要基础。决策智能体生成过程中,首先以研讨、人机交互的方式获取、筛选并集聚作战指挥人员、作战实验人员知识,形成红、蓝双方基本作战方案和量化描述的机器知识样本;而后以深度强化学习和有限状态机的方法设计与训练红、蓝双方指挥决策智能体,期间不断对抗迭代并融合实验人员知识,直至红蓝双方智能体成熟。

实验过程中,将采用红方指挥员策略(人)对抗蓝方指挥决策智能体(机)、红方决策智能体(机)对抗蓝方指挥决策智能体(机)、红方指挥员策略+指挥决策智能体的混合策略(人机混合)对抗蓝方指挥决策智能体(机)三种实验方式。其中:

(1) 人机红蓝对抗重点评估与验证人类指挥员的指挥策略。

(2) 机机红蓝对抗重点利用系统大规模算力和智能体自演进优势,短时间内生成大量数据样本,遍历各种进攻策略的样式与优劣,寻优最大作战收益的行动策略,并评估与验证机器策略的优势与不足。

(3) 人机混合策略与蓝方对抗在人机红蓝对抗和机机红蓝对抗实验之后进行,重点分析总结智能体指挥策略的优劣,与红方指挥员的指挥策略相融合,形成人机混合策略,而后进一步推演、验证与评估人机混合策略的有效性。

三种实验方式交叉开展,执行往复迭代、反馈修正、渐进优化的仿真实验流程,人类知识将不断融入机器决策智能体,决策智能体产生的对抗案例也将不断启发与更新人类认知,形成人机混合智能的作战仿真实验体系,取人类形象思维、抽象思维、灵感思维所长和机器逻辑推理、并行算力所长,促进作战实验结果与实验方法更加合理与完善。

为探索并定量分析有人/无人混编突击分队在城市要点夺控作战中的有人/无人力量的作战编成、战斗编组和行动策略,本项目采用单因素实验设计方法,即每次实验只变动一个因素,而其余因素保持固定,从而研究某一因素的变化对实验结果产生的影响。因素即为影响实验结果的因子,因素水平即因素所处的状态/取值。本项目实验因素、因素水平和相应的实验方案设计如下:

方案1:作战编成为3个装步排0个无人车排;战斗编组为智能体决策编组。
方案2:作战编成为2个装步排1个无人车排;战斗编组为智能体决策编组。
方案3:作战编成为1个装步排2个无人车排;战斗编组为智能体决策编组。
方案4:作战编成为0个装步排3个无人车排;战斗编组为智能体决策编组。
方案5:作战编成为2个装步排1个无人车排;战斗编组为集中独立式编组。
方案6:作战编成为1个装步排2个无人车排;战斗编组为集中独立式编组。

其中,方案1为基础方案,为典型机步连有人装备对由蓝方机步排据守的城镇实施机动进攻;后续实验方案在方案1的基础上编配不同种类的地面无人作战装备,不同的行动策略,形成其他5种实验方案。

6.3.3 实验系统

实验在分队级智能博弈仿真推演系统上完成,如图6-6和图6-7所示,该系统主要包括智能体训练平台、推演讨论平台、有人装备操控平台。系统应用作战规则和强化学习算法,可以同步生成红蓝双方智能体,能够在对抗仿真环境中加速完成上百万局的迭代训练,从各种不同的角度去生成有人/无人分队的协同作战策略,直至找到单点和全局的最优行动方案,并可以给出胜率、战损、消耗等情况的数据分析,为指挥员提供可视化的决策依据。目前,系统能够实现分队级的有人/无人协同对抗仿真实验。

智能体训练平台包含导控主机和远端算力服务器,重点完成作战想定部署、智能体编译与训练。部署的软件环境主要包含CATSIM仿真环境(Combined Arms Tactical Simulation)和智能体训练环境。

(1) CATSIM仿真环境

CATSIM仿真环境通过调用仿真模型,可实现典型陆战场环境的仿真,并针对想定进行编辑、环境设置和兵力部署,实现战术推演和训练,同时输出战场的二维、三维态势,全面的展示战场的状态及各类参数,并可将整个过程进行记录、回放。该软件环境集综合战场环境、作战仿真实体、作战仿真行动、作战仿真效果于一体,可以快捷搭建联合作战仿真的训练环境或实验环境。

图 6-6 分队级智能博弈仿真推演系统组成框图

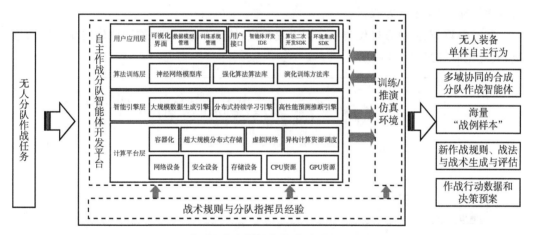

图 6-7 分队级智能博弈仿真推演系统功能框图

系统推进倍速范围从 1/16x 到 16x,可以根据仿真推进的需要灵活选择,可运行在 Windows 系统上,也可部署在 Linux 系统上。其中,Windows 系统支持一键安装部署;Linux 系统只需先安装系统运行所需的各类库,再运行 Linux 版平台软件即可。

(2)智能体训练环境

智能体学习训练平台可以提供端到端的智能体开发、训练、评估和部署。具备以下三个优势:

智能体学习训练平台是国内首个成熟的平台级智能体训练系统,能够完成工业级规模的深度强化学习训练,具备低成本、高性能、易扩展和高可靠等特性。

智能体学习训练平台采用分布式强化学习训练体系,极大地优化了数据采样、传输和训练流程,在典型应用场景下相对开源软件性能提升10～20倍。

智能体学习训练平台可支持数百个实体单元的大规模并行对抗训练和智能仿真推演,最大可解决10^{26}复杂动作空间决策问题,其效果达到甚至超过人类高手水平。

其硬件环境安装有8CPU＋8GPU的智能体训练服务器,支持并行生成数据的CPU核心数量≥1 100个,训练样本最大吞吐速率≥11 000个/秒;具有25个节点并行仿真的高性能计算机主机和显示器;可调度的存储空间≥3TB,能够在磁盘硬件损坏的情况下保持数据的完整性;支持万兆网络和不少于1 500个容器的虚拟网络规模和对应的数据路由。

6.3.4 智能体训练

(1) 单智能体训练

优先训练无人车,步战车和坦克采用规则控制。所有无人车使用指挥官控制,将进攻地区,以50 m为间隔,按照方格划分为50×50的阵型,智能体每次决策确定各个无人单位将要移动的位置,并在发现的敌方目标列表中选择攻击目标。红方以打击蓝方防守力量为目标,仅考虑蓝方战损。

奖励函数:根据敌方单位类型不同设置价值,给予小额奖励,鼓励单位向作战区域进攻,其变化曲线如图6-8所示。

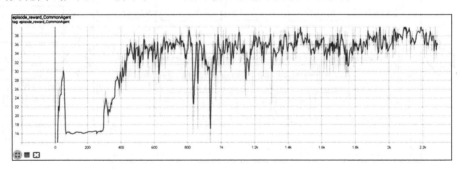

图6-8 奖励值变化曲线

训练局数:共计约30万局。

训练过程:在初始训练阶段,reward先上升,遇到智能体主要集中火力攻击敌方坦克后不再进攻问题,初始战损也较为严重;后经过大量探索与调整参数后,reward逐渐上升,能够更多地击毁蓝方单位。

问题分析:本类操控方式下智能体编队作战基本能完成任务,将敌方尽数击毁;但是分析发现无人车的控制有较多空余动作,出现大量无意义移动,导致总奖励波动较大,且容易受到坦克火力命中率的影响;虽然平均水平上升,但是局间的战果较为随机。综合考虑单智能体架构下的这类问题(无效操作,单位无控制指令),受限于动作空间的设计,故后续决定采用多智能体来实现。

(2)多智能体训练-设置全局奖励函数

改变指挥控制模式为多智能体,但是目标奖励函数仍然设置为全局奖励函数。在该组实验中,所有单位均使用同构智能体控制,不同的类型以 one-hot 向量作为态势数据提供给智能体网络。由于采用多智能体后,当单位阵亡时,奖励结束;而奖励曲线只能显示平均水平,所以在多智能体的训练中,reward 仅显示单个智能体的奖励,还需要查看全局的状态来确定整体的局势变化。

奖励函数:全局红蓝战损,加权后作为双方奖励;击伤后按状态提供奖励,击毁后提供额外奖励,其变化曲线如图 6-9 所示。

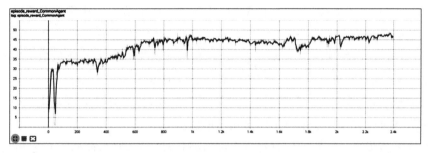

图 6-9　奖励值变化曲线

采样局数:约 24 万局。

训练过程:在该组实验中,进行了多次的奖励函数调整。包括双方的单位战损权重,是否忽略红方战损,增加衰减因子,坦克采用规则等;其中对训练影响较大的为红方战损,在不考虑红方战损的前提下,reward 收敛情况较快;如果红方战损权重较高,则会导致智能体趋于避战,很难收敛。

问题分析:查看过程,发现红方整体战损较小,但蓝方的坦克和步战车会有较多存活,作战任务完成度较低。这是由于多智能体模式下,奖励设置均为单个智能体本身获取到的奖励,这样当单位阵亡后会无法获取到后续奖励,所以每个单位为了能尽量获取到更多的奖励值,会放弃进攻,尽量保证自己生存,只会攻击比较外围对象。因此,调整智能体的奖励机制,降低全局状态的权重,增加个体的行为奖赏。

(3)多智能体训练-增加单位自身奖励

经过前面采用的全局状态奖励的实验后,基于其过于谨慎的作战,调整奖励。鼓励单位进攻,对每个单位自身的攻击行为增加奖励;降低整体局势的权重,增加单个单位击毁敌方目标时的奖励值。

奖励函数:全局状态基于原有调整到 10%。鼓励每次攻击决策,攻击即提供单步的奖励;当敌方单位被击毁时,最近攻击的所有的单位均提供击毁奖励,其变化曲线如图 6-10 所示。

采样局数:约 24 万局。

训练过程:在训练初期,能快速学会将敌方的单位击毁,但是红方的战损较高;这种

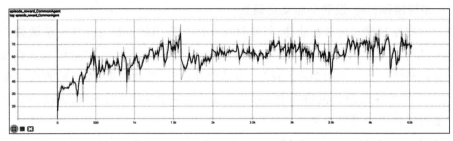

图 6-10 奖励值变化曲线

情况下,红方几乎全部战损;在后续探索中,智能体在保证蓝方的击毁率的前提下,逐步降低己方的战损。

结论:查看过程,发现红方整体战损较小,且蓝方的坦克和步战车能有效击毁;在该场景下的作战,红方的单位会卡在己方武器攻击范围边缘,对蓝方进行火力攻击。以此来避免己方战损;在敌方士兵单位被消灭后,调整位置,从蓝方防守阵地上方开始进攻,从而避免进入可以被蓝方多个单位同时攻击的区域。

本次智能体提高单个智能体自身攻击和击毁目标的奖励,与前两组实现相比降低了全局信息的影响。红方单位损失相比之前略高,但基本能实现将蓝方单位全部消灭的任务目标;在训练时,红方能快速学到将蓝方单位消灭,但是自身战损相对较高;随着训练进行,智能体逐渐能做到击毁蓝方更多目标的同时,逐步将优势扩大,提升自身的生存率。

6.3.5 结果分析

为防止偶然性和随机误差,对多个样本数据去奇异值之后,采取求平均值的方式获取各实验方案的体系作战效能指标值。

(1) 兵力伤亡比

兵力伤亡比是指在一次作战过程中敌我双方兵力伤亡数量的比值。6个仿真实验方案中,红蓝双方兵力伤亡数及兵力伤亡比如表6-3所示。

表 6-3 兵力伤亡比

参数名称		方案1	方案2	方案3	方案4	方案5	方案6
兵力伤亡比	我方兵力伤亡数	52.52	42.97	44.65	48.65	48.13	42.84
	敌方兵力伤亡数	33.39	42.58	43.87	47.74	39.19	43.71
	兵力伤亡比	1.80	1.03	1.08	1.02	1.27	1.00

(2) 装备损毁比

装备损毁比是指在一次作战过程中敌我双方装备损毁数量的比值。6个仿真实验方案中,红蓝双方装备损毁数及装备损毁比如表6-4所示。

表 6-4　装备损毁比

参数名称		方案 1	方案 2	方案 3	方案 4	方案 5	方案 6
装备损毁比	我方装备损毁数	13.13	10.74	11.16	12.16	12.03	10.71
	敌方装备损毁数	6.68	8.52	8.77	9.55	7.84	8.74
	装备损毁比	2.25	1.29	1.35	1.27	1.59	1.25

（3）弹药消耗比

弹药消耗比是指在一次作战过程中敌我双方弹药消耗数量的比值。6 个仿真实验方案中，红蓝双方弹药消耗数及弹药消耗比如表 6-5 所示。

表 6-5　弹药消耗比

参数名称		方案 1	方案 2	方案 3	方案 4	方案 5	方案 6
弹药损耗比	我方弹药损耗数	144.55	150.13	144.52	153.52	144.45	152.74
	敌方弹药损耗数	521.74	546.94	539.29	550.10	550.74	550.45
	弹药损耗比	0.28	0.28	0.27	0.28	0.26	0.28

（4）目标命中率

目标命中率是指红方命中蓝方陆上固定目标的弹药数量占成功突防的弹药总数的比例。6 个仿真实验方案中，红方装备体系对蓝方目标命中率如表 6-6 所示。

表 6-6　目标命中率

参数名称	方案 1	方案 2	方案 3	方案 4	方案 5	方案 6
	平均值	平均值	平均值	平均值	平均值	平均值
目标命中率	0.23	0.28	0.30	0.31	0.27	0.29

（5）我方装备毁伤率

我方装备损毁率是指红方遂行作战任务所损毁的装备数量与装备总数的比值。6 个仿真实验中，毁伤率如表 6-7 所示。

表 6-7　我方装备毁伤率

参数名称	方案 1	方案 2	方案 3	方案 4	方案 5	方案 6
	平均值	平均值	平均值	平均值	平均值	平均值
我方装备毁伤率	0.51	0.37	0.43	0.41	0.46	0.37

（6）我方人员伤亡率

我方人员伤亡率是指红方遂行作战任务所伤亡的人员数量与人员总数的比值。6 个仿真实验中，伤亡率如表 6-8 所示。

表 6-8　我方人员伤亡率

参数名称	方案 1	方案 2	方案 3	方案 4	方案 5	方案 6
	平均值	平均值	平均值	平均值	平均值	平均值
我方人员毁伤率	0.51	0.37	0.43	0.41	0.46	0.37

(7) 敌方装备毁伤率

敌方装备毁伤率是指蓝方损毁的装备数量与装备总数的比值。6 个仿真实验中,蓝方装备毁伤率如表 6-9 所示。

表 6-9　敌方装备毁伤率

参数名称	方案 1	方案 2	方案 3	方案 4	方案 5	方案 6
	平均值	平均值	平均值	平均值	平均值	平均值
敌方装备毁伤率	0.61	0.77	0.79	0.86	0.71	0.79

(8) 敌方人员伤亡率

敌方人员伤亡率是指蓝方伤亡的人员数量与人员总数的比值。6 个仿真实验方案中,蓝方人员伤亡率如表 6-10 所示。

表 6-10　敌方人员伤亡率

参数名称	方案 1	方案 2	方案 3	方案 4	方案 5	方案 6
	平均值	平均值	平均值	平均值	平均值	平均值
敌方人员伤亡率	0.51	0.66	0.68	0.74	0.61	0.67

(9) 作战任务完成度

作战任务完成度是指一次作战过程中,我方各个阶段任务完成情况和总任务完成情况。6 个仿真实验方案中,红方作战任务完成度如表 6-11 所示。

表 6-11　作战任务完成度

参数名称	方案 1	方案 2	方案 3	方案 4	方案 5	方案 6
	平均值	平均值	平均值	平均值	平均值	平均值
作战任务完成度	0.16	0.52	0.74	0.84	0.39	0.61

(10) 作战任务完成时间

作战任务完成时间是指我方在一次作战过程中的任务完成时间。6 个仿真实验方案中,红方作战任务完成时间如表 6-12 所示。

表 6-12　作战任务完成时间

参数名称	方案 1	方案 2	方案 3	方案 4	方案 5	方案 6
	平均值	平均值	平均值	平均值	平均值	平均值
作战任务完成时间	2 594.2	2 062.9	1 619.5	1 560.4	2 386.4	1 978.5

6.3.6 实验结论

(1) 战斗编组方面

结论1：根据实验结果分析，城市要点夺控行动中有人/无人作战力量混合编组方式效果最佳，有人装备与无人装备采用1∶1至2∶1配比作战效能最优；连级规模地面有人/无人混编突击分队在战斗实施过程中，无人作战车辆嵌入至排级，可以有效降低我方作战单位的兵力伤亡率、装备损毁率。

结论2：敌防空火力干扰下的空中侦察行动，多路、立体、多波次编队形式可有效适应敌情动态变化情况，提升无人机的保存率、目标发现率和任务成功率。

结论3：连级规模地面有人/无人混编突击分队编成内是否编配火力支援单元，对分队整体作战效能影响较大。地面无人作战力量机动力、防护力和火力相对较弱，但具有较强的察打一体作战能力和精确引导打击能力，与编成内火力支援单元密切配合行动，能够有效提升混编突击分队的整体作战效能。

(2) 行动策略方面

结论1：实验过程中，分别采取了"正面强攻，右翼牵制、左翼突入，左翼牵制、右翼突入"三种战法，综合分析指挥员决策、智能体决策和人机混合决策的实验结果，基于战场环境、敌情部署和自身能力，运用"右翼牵制、左翼突入"的战法相对于其他两种方案，能够较好地达成战斗目标，具有更好的任务完成度和完成时间。

结论2：从指挥员决策、智能体决策和人机混合决策实验的综合结果来看，采取无人在前、有人在后的混编队形，灵活运用有人/无人协同和人员与装备协同，无人作战力量充分发挥平台无人、不怕牺牲的特点，迫敌暴露，牵制火力；有人作战力量充分发挥火力打击能力强、灵活机动的特点，精准打击、速歼强剿；有人/无人作战力量各司其职、优势互补，协调一致行动，形成1+1＞2的效果，有效达成要点夺控目的。

结论3：人机混合策略重点借鉴了智能体大分散展开、先边缘后中心以及寻找火力边缘的侦察策略，以安全距离拉锯战方式对敌打击、侧翼牵制、绕侧包剿、集火打击的进攻策略，形成了大于指挥员策略的作战效能，说明智能体策略在作战行动决策方面具有实用价值。

结论4：智能体操控相比有人操控具有绝对优势，说明装备智能化水平越高，自主决策、自主协同和整体能力越强，对作战行动策略的执行越精准，作战效能越高。

(3) 实验方法方面

结论1：分队级智能博弈仿真推演系统经过90天对同一要点夺控作战行动形成了覆盖主要参数组合的百万局对抗实验样本空间，大幅提升了对抗仿真实验的战法探索效率和可信度；通过前向推演和实验数据复盘分析发现，智能体指挥策略表现系列化智能行为，具有战法验证与创新能力。

结论2：智能蓝军需要兼顾"智"和"蓝"，适于在深入研究对手作战原则的基础上，应用行为决策树、有限状态机等技术结合具体进攻、防守等作战行动开发。

需要注意的是，仿真实验过程主要模拟仿真了作战阶段的主要环节，其中没有涉及信息战、心理战、舆论战和法律战等作战要素，以及组织管理、运输、人员默契程度、平时训练难度等与人和制度相关的因素。受仿真软件客观条件限制，城市地形特点贴合度还不够，街区巷道纵横交错、建筑物市内室外、城市地上地下等仿真度有待提高。要想对整体作战行动进行完整的分析评估，还需要结合专家意见、部队实战经验等进行全面分析，所以实验给出的结论只能作为军事人员进行综合分析的数据。下一步针对仿真软件进行升级完善，进一步对有人无人突击分队城市要点夺控行动进行仿真验证与评估。

思考与练习

1. 智能化战争有哪些特点？
2. 采用多智能体辅助作战决策关键需要解决哪些问题？

参考文献

[1] 车延连,闫耀祖,程龙春.火力筹划论[M].军事科学出版社,2009.
[2] 谢文.联合火力筹划工程化[M].北京:国防工业出版社,2021.
[3] 徐克虎,黄大山,等.数字化地面突击分队火力优化控制[M].北京:国防工业出版社,2016.
[4] 常天庆,等.装甲车辆火控系统[M].北京:北京理工大学出版社,2020.
[5] 陈军伟.坦克分队火力运用优化技术研究[D].装甲兵工程学院博士学位论文,2012.
[6] 孔德鹏.地面作战分队协同火力打击智能决策研究[D].装甲兵工程学院博士学位论文,2019.
[7] 王忠义.坦克分队火力运用与指挥[M].北京:海潮出版社,2004.
[8] 张先剑,谢苏明.联合火力打击作战任务规划概论[M].北京:国防科技大学出版社,2020.
[9] 秦晓周.联合作战辅助决策方法研究[M].北京:国防大学出版社,2019.
[10] 黄竞伟,朱福喜,康立山.计算智能[M].北京:科学出版社,2010.
[11] 李士勇等.智能优化算法原理与应用[M].哈尔滨:哈尔滨工业大学出版社,2012.
[12] 徐克虎,孔德鹏,王国胜,等.陆战目标威胁评估方法及其应用[M].北京:国防科技大学出版社,2020.
[13] 郝娜.装甲分队目标信息感知与状态估计技术研究[D].装甲兵工程学院博士学位论文,2016.
[14] 韩梦妍,黄炎焱.面向装甲类目标的火力打击方案毁伤评估方法[J].火力指挥与控制,2022,47(9):66-72.
[15] 孙乐.目标毁伤效果评估技术理论概述[J].舰船电子工程,2022,42(8):151-154.
[16] 张兵.美军战斗毁伤评估发展现状与趋势[J].信息化研究,2022,48(3):1-6+13.
[17] 徐鹏,邬建华,吴宜珈,等.基于T-S毁伤树和贝叶斯网络的易损性分析方法[J].火力指挥与控制,2022,47(9):90-97.
[18] 雷霆,朱承,张维明.基于动态毁伤树的关键打击目标选择方法[J].火力指挥与控制,2014,39(4):19-23.
[19] 杨军,王晖,孙正民.某型坦克功能毁伤树构造[J].四川兵工学报,2008,29(6):32-35.

附录一 目标威胁评估仿真程序

```
clc
close all
clear all
M = 6;                                              %目标数量
MM = ['T1';'T2';'T3';'T4';'T5';'T6'];
N = 7;                                              %指标数量
aa = 0.5;                                           %主观权重系数
bb = 1 - aa;                                        %客观权重系数

Flag = 0;                                           %一致性检验标志
RI = [0     0     0.58    0.96    1.12    1.24    1.32    1.41    1.45];
                                                    %RI 值
juli = [5000    2000    3000    2500    3200    2500];  %敌方距离
shec = [10000   2500    3500    3500    3500    3000];  %有效射程
vdf = [80   10   60   65   50   65];                %地方速度
vwf = 60;                                           %我方速度
gjjd = [20   30   50   40   10   20];               %攻击角度
f1 = [1     0.2    0.8    0.8    0.8    0.5];
f2 = [1     0.2    0.8    0.8    0.8    0.6];
f3 = [1     0.2    0.8    0.8    0.8    0.2];
f4 = [0.9   0.2    0.8    0.8    0.8    0.5];
f5 = zeros(1,M);
f6 = zeros(1,M);
f7 = zeros(1,M);
M7 = zeros(N,1);
E7 = zeros(N,1);
for i = 1:M                                         %计算距离威胁指标
```

```
        if juli(i)<= 2 * shec(i)
                f5(i) = 0.5 * (2 * shec(i) - juli(i))/shec(i);
        else
                f5(i) = 0;
        end
end
for i = 1:M                                         % 计算速度威胁指标
        if vdf(i)<= 0.6 * vwf
                f6(i) = 0.1;
        elseif 0.6 * vwf<vdf(i)< 1.8 * vwf
                f6(i) = -0.35 + 0.75 * vdf(i)/vwf;
        else
                f6(i) = 1;
        end
end
for i = 1:M                                         % 计算攻击角度指标
        if gjjd(i)<90
                f7(i) = 1 - gjjd(i)/90;
        else
                f7(i) = 0;
        end
end
X = [f1'f2'f3'f4'f5'f6'f7'];                        % 生成威胁评估矩阵
kk = size(X);
B = zeros(kk);
for i = 1:kk(1)                                     % 威胁评估矩阵标准化
    for j = 1:kk(2)
                B(i,j) = (X(i,j) - min(X(:,j)))/(max(X(:,j)) - min(X(:,j)));
        end
end

% 层次分析法判断矩阵
A = [1        6        5        7        1        3        2        ;...
     1/6      1        1/3      1/2      1/7      1/2      1/5      ;...
     1/5      3        1        2        1/5      1/21              ;...
     1/7      2        1/2      1        1/5      1/3      1/5      ;...
     1        7        5        5        1        3        3        ;...
```

```
        1/3     2       2       3       1/3     1       1/2     ;...
        1/2     5       1       5       1/3     2       1]      ;
for i = 1:N                                     % 计算每行乘积
    M7(i) = A(i,1);
for j = 2:N
        M7(i) = M7(i) * A(i,j);
end
end
sM7 = M7.^(1/N);                                % 计算 N 次方根
sM7 = sM7./(sum(sM7));                          % 归一化
lmax = sum((A * sM7)./sM7/N);                   % 计算最大特征值
CI = (lmax - N)/(N - 1);                        % 一致性检验
CR = CI/RI(N);
if CR<0.1
    Flag = 1;
else
    Flag = 0;
end
if Flag == 1
    sM7;
else
    sM7 = 0
end


BB = zeros(kk);
for i = 1:kk(1)                                 % 威胁评估矩阵归一化
for j = 1:kk(2)
        BB(i,j) = B(i,j)/sum(B(:,j));
end
end

ll = size(BB);
for i = 1:ll(1)                                 % 计算单一指标信息熵
for j = 1:ll(2)
if BB(i,j) == 0
        CC(i,j) = 0;
else
```

```matlab
            CC(i,j) = BB(i,j) * log2(BB(i,j));
        end
    end
end

for i = 1:N                              % 计算所有目标的信息熵
    E7(i) = - sum(CC(:,i))/log2(M);
end
EM = zeros(1,N);
EM = 1 - E7;

E7 = (1 - E7)/sum(EM);                   % 计算客观权重
w = aa * sM7 + bb * E7;                  % 组合赋权

for i = 1:kk(1)                          % 计算加权矩阵
    V(i,:) = BB(i,:). * w';
end
for i = 1:kk(2)                          % 正理想解
    Vz(i) = max(V(:,i));
end
for i = 1:kk(2)                          % 负理想解
    Vf(i) = min(V(:,i));
end
for i = 1:kk(1)                          % 正理想解距离
    Dz(i) = sqrt(sum((V(i,:) - Vz).^2));
end
for i = 1:kk(1)                          % 负理想解距离
    Df(i) = sqrt(sum((V(i,:) - Vf).^2));
end

R = Df. /(Dz + Df);                      % 计算威胁度
bar(1:M,R)                               % 绘制威胁度柱状图
[a,b] = sort(R,'descend');
disp('目标威胁排序为:')                   % 输出排序结果
MM(b,:)
```

附录二　WTA模型求解算法主程序

```matlab
% 用于WTA模型的人工蜂群算法
clc
clear all
close all
tic


% ---------- 算法参数设置 --------------
NP = 100;                              % 蜂群数量
FoodNumber = NP/2;                     % 食物数量,每个食物代表一个可行解
limit = 150;                           % 最大重复次数限制
maxCycle = 500;                        % 迭代次数
M = 7;                                 % 目标数量,打击目标数


objfun = 'WTAtry';                     % 目标函数
D = 11;                                % 求解维数
ub = ones(1,D) * M;                    % 上界
lb = ones(1,D);                        % 下界

Foods = ceil(rand(FoodNumber,D). * M); % 初始化食物源。每个行向量代表1个食
                                       %   物源,即可行解
    ObjVal = feval(objfun,Foods);      % 相当于调用objfun,输入的参数为Foods
    Fitness = calculateFitness(ObjVal);% 调用calculateFitness函数,计算适应度
    trial = zeros(1,FoodNumber);       % 初始化重复计数值
    [~,BestInd] = min(ObjVal);         % BestInd:最小值的位置
    GlobalMin = ObjVal(BestInd);       % 全局最优值
    GlobalParams = Foods(BestInd,:);   % 全局最优解
```

```
iter = 1;
va = zeros(1,maxCycle);
while(iter <= maxCycle)
    %% --------------- 采蜜蜂 -------------------
    for i = 1:FoodNumber
        Param2Change = ceil(rand * D);               % 随机选择变异维度
        neighbour = ceil(rand * (FoodNumber));       % 随机选择一个邻居
        while(neighbour == i)                        % 设置 k~ = i
            neighbour = fix(rand * (FoodNumber)) + 1;
        end
        sol = Foods(i,:);
        % 进行邻域搜索
        sol(Param2Change) = ceil(Foods(i,Param2Change) + (Foods(i,Param2Change) - Foods(neighbour,Param2Change)) * (rand - 0.5) * 2);
        % 约束处理
        if sol(Param2Change) < lb(Param2Change)
            sol(Param2Change) = lb(Param2Change);
        elseif sol(Param2Change) > ub(Param2Change)
            sol(Param2Change) = ub(Param2Change);
        end
        % 计算适应度值
        ObjValSol = feval(objfun,sol);
        FitnessSol = calculateFitness(ObjValSol);
        % 根据贪婪选择策略更新食物源
        if  FitnessSol > Fitness(i)
            Foods(i,:) = sol;
            Fitness(i) = FitnessSol;
            ObjVal(i) = ObjValSol;
            trial(i) = 0;
        else
            trial(i) = trial(i) + 1;                 % 如果食物源没有改进,重
                                                     % 复计数值加一
        end
    end
    % prob = (0.9. * Fitness./max(Fitness)) + 0.1;   % 计算选择概率
```

```matlab
    prob = Fitness./sum(Fitness);

%% ----------- 观察蜂 -----------
    i = 1;
    t = 0;
    while t<FoodNumber
        if rand<prob(i)
            t = t + 1;
            Param2Change = ceil(rand * D);          % 随机选择变异的维度
            neighbour = ceil(rand * (FoodNumber));  % 随机选择一个邻居
            while neighbour == i                    % 设置 k~=i
                neighbour = fix(rand * (FoodNumber)) + 1;
            end
            sol = Foods(i,:);
            % 邻域搜索
          sol(Param2Change) = ceil(Foods(i,Param2Change) + (Foods(i,Param2Change) - Foods(neighbour,Param2Change)) * (rand - 0.5) * 2);
            % 约束处理
            if sol(Param2Change)<lb(Param2Change)
                sol(Param2Change) = lb(Param2Change);
            elseif sol(Param2Change)>ub(Param2Change)
                sol(Param2Change) = ub(Param2Change);
            end
            % 计算适应度值
            ObjValSol = feval(objfun,sol);
            FitnessSol = calculateFitness(ObjValSol);
            % 根据贪婪选择策略更新食物源
            if  FitnessSol>Fitness(i)
                Foods(i,:) = sol;
                Fitness(i) = FitnessSol;
                ObjVal(i) = ObjValSol;
                trial(i) = 0;
            else
                trial(i) = trial(i) + 1; % 如果食物源没有更新,则重复计数值加一
            end
        end
    end
```

```matlab
            i = i + 1;
            if i == FoodNumber + 1
                i = 1;
            end
        end


        % 更新全局最优值和最优解
        [~,ind] = min(ObjVal);
        % ind = ind(end);

        if ObjVal(ind)<GlobalMin
            GlobalMin = ObjVal(ind);
            GlobalParams = Foods(ind,:);
        end


        % --------------- 侦察蜂 ---------------
        [~,ind] = max(trial);                        % 找出重复值最大的食物源
        % ind = ind(end);
        if trial(ind)>limit
            sol = floor((ub - lb). * rand(1,D) + lb);  % 重新随机选取一个食物源
            ObjVal(ind) = feval(objfun,sol);
            FitnessSol(ind) = calculateFitness(ObjVal(ind));
            Foods(ind,:) = sol;
        end;
        va(iter) = GlobalMin;                        % 记录每次迭代的最优解
        iter = iter + 1;
end
toc
plot(va,'-r','LineWidth',2)
xlabel('迭代次数')
ylabel('目标函数值')
GlobalParams
GlobalMin
```

调用的函数如下。

主程序调用了 2 个函数,函数 WTAtry 的定义如下:

```matlab
function  output = WTAtry(input)
```

附录二 WTA模型求解算法主程序

```
% 计算火力分配的目标函数值
% 输出参数是剩余的目标战场价值向量,是1*L1的
% P打击概率,v目标战场价值
P = [ 0.52   0.15   0.25   0.57   0.71   0.63   0.59
      0.18   0.55   0.46   0.93   0.12   0.08   0.99
      0.10   0.50   0.09   0.25   0.95   0.62   0.09
      0.32   0.08   0.49   0.66   0.28   0.12   0.86
      0.04   0.12   0.08   0.53   0.73   0.56   0.37
      0.78   0.28   0.35   0.06   0.14   0.29   0.23
      0.02   0.20   0.98   0.64   0.56   0.14   0.93
      0.79   0.10   0.94   0.06   0.03   0.48   0.26
      0.60   0.62   0.51   0.32   0.08   0.96   0.35
      0.40   0.40   0.62   0.08   0.98   0.13   0.19
      0.69   0.40   0.32   0.29   0.01   0.22   1.00];
% v目标战场价值
v = [ 0.71   0.91   0.45   0.92   0.65   0.95   0.14];
x = input;                        % 把输入参数赋给x
[D,M] = size(P);                  % P是打击概率矩阵,这里获取P的行数和列数
[L1,L2] = size(x);                % 获取x的行数和列数
output = zeros(1,L1);             % 输出初始化,生成一个1行L1列的全0向量

for t = 1:L1
    G = zeros(D,M);               % 生成一个D*M的全0矩阵
    for i = 1:D   % 1 - 11
        G(i,x(t,i)) = 1;          % 将变量x转化为决策矩阵
    end

    result = zeros(1,M);          % 生成一个1行M列的全0向量

    for i = 1:M                   % 对于每一列(对于每个目标)
        s = 1;
for j = 1:D
            s = s * ((1 - P(j,i))^G(j,i));  % 计算目标生存概率
        end
        result(i) = v(i) * s;     % 计算目标剩余价值
    end
```

```
            output(t) = sum(result);
    end
end
```

函数 calculateFitness 的定义如下：

```
function output = calculateFitness(input)
% 计算适应度值
x = input;
[hangshu,lieshu] = size(x);
output = ones(hangshu,lieshu);

for i = 1:hangshu
    for j = 1:lieshu
        output(i,j) = 1/(1 + x(i,j));
    end
end
end
```